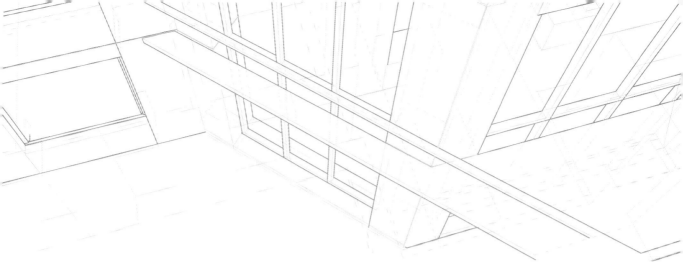

高职装配式混凝土建筑"互联网+"十三五规划教材

装配式混凝土建筑
生产工艺与施工技术

（第二版）

主　编　夏　峰　张　弘

副主编　潘红霞　恽燕春　陈凌峰

主　审　樊　骅

U0295118

上海交通大学出版社

SHANGHAI JIAO TONG UNIVERSITY PRESS

内容提要

本书为装配式建筑教材系列之一,讲述装配式混凝土建筑生产工艺与施工技术。全书共分为 10 章,第 1 章:装配式混凝土建筑预制构件制作施工准备;第 2 章:装配式混凝土建筑预制构件制作工艺流程;第 3 章:叠合楼板生产工艺与技术要求;第 4 章:叠合墙板生产工艺与技术要求;第 5 章:三明治夹心墙生产工艺与技术要求;第 6 章:套筒剪力墙生产工艺与技术要求;第 7 章:管片制作生产工艺与技术要求;第 8 章:预制构件运输及存放;第 9 章:装配式混凝土建筑预制构件施工;第 10 章:装配式混凝土建筑生产安装质量管理。

本书可作为高职土建类专业相关课程教材,也可以作为装配式混凝土建筑实训教材。

图书在版编目(CIP)数据

装配式混凝土建筑生产工艺与施工技术/夏峰,张
弘主编. —2 版. —上海:上海交通大学出版社,2017(2021 重印)
ISBN 978 - 7 - 313 - 16789 - 7

Ⅰ. ①装… Ⅱ. ①夏… ②张… Ⅲ. ①装配式混凝土
结构-混凝土施工-高等职业教育-教材 Ⅳ. ①TU755

中国版本图书馆 CIP 数据核字(2017)第 052211 号

装配式混凝土建筑生产工艺与施工技术(第二版)

主 编:夏 峰 张 弘
出版发行:上海交通大学出版社   地 址:上海市番禺路 951 号
邮政编码:200030   电 话:021 - 64071208
印 制:上海盛通时代印刷有限公司   经 销:全国新华书店
开 本:787 mm×1092 mm 1/16   印 张:13.5
字 数:312 千字
版 次:2017 年 4 月第 1 版 2018 年 7 月第 2 版   印 次:2021 年 2 月第 3 次印刷
书 号:ISBN 978 - 7 - 313 - 16789 - 7
定 价:39.00 元

高职装配式混凝土建筑
"互联网＋"十三五规划教材
编委会名单

Foreword To The Second Edition
再版前言

2016 年 2 月 6 日《中共中央国务院关于进一步加强城市建设管理工作的若干意见》及 2016 年 9 月 27 日国务院常务会议审议通过的《关于大力发展装配式建筑的指导意见》中提出,10 年内,我国新建建筑中,装配式建筑比例将达到 30%。由此,我国每年将建造几亿平方米装配式建筑,这个规模和发展速度在世界建筑产业化进程中也是前所未有的,我国建筑界面临巨大的转型和产业升级压力。因此,按期完成既定目标,培养成千上万名技术技能应用人才刻不容缓。

教育必须服务社会经济发展,服从当前经济结构转型升级需求。土建类专业如何实现装配式建筑"标准化设计、工厂化生产、装配化施工、一体化装修、信息化管理和智能化应用",全面提升建筑品质、建筑业节能减排和可持续发展目标,人才培养则是一项艰苦而又迫切的任务。

教材是实现教育目的的主要载体。高等职业教育教材的编写,更应体现高职教育特色。高职教学改革的核心是课程改革,而课程改革的中心又是教材改革。教材内容与编写体例从某种意义上讲决定了学生从该门课程中能学到什么样的知识,把握什么技术技能,养成什么样的综合素质,形成什么样的逻辑思维习惯等等。因此,教材质量的好坏,直接关系到人才培养的质量。

基于对我国建筑业经济结构转型升级、供给侧改革和行业发展趋势的认识,针对高职建筑工程技术专业人才培养方案改革及教育教学规律的把握,上海思博职业技术学院与宝业集团股份有限公司、上海维启科技软件有限公司、上海住总工程材料有限公司、上海建工集团及部分高校合作编写了高职装配式混凝土建筑"互联网+"十三五规划教材。

本套教材以高职装配式混凝土建筑应用技术技能人才培养为目标。系列教材包括《装配式混凝土建筑概论》(第二版)《装配式混凝土建筑识图与构造+习题集(套)》《装配式混凝土建筑生产工艺与施工技术》(第二版)《装配式混凝土建筑法律法规精选》《装配式混凝土建筑工程测量+实训指导(套)》《装配式混凝土建筑工程监理与安全管理》《装配式混凝土建筑规范与质量控制》《装配式混凝土建筑计量与计价＋实训指导(套)》《装配式混凝土建筑项目管理与 BIM 应用》《装配式混凝土建筑 BIM 软件应用技术》《装配式混凝土建筑三维扫描与制造技术》《装配式混凝土建筑构件运输与吊装技术＋实训指导(套)》。

本教材编写时力求内容精炼、重点突出、图文并茂、文字通俗,配合 AR、二维码等互联网技术和手段,体现教材的时代特征。

本丛书编写体现以下三个特点:

第一,紧贴规范标准,对接职业岗位。高校与企业合作开发课程,根据装配式混凝土建筑规范、工艺、施工、技术和职业岗位的任职要求,改革课程体系和教学内容,突出职业能力。

第二,服从一个目标,体现两个体系。本丛书在编写中注重理论教学体系和实践教学体系的深度融合。教材内容紧贴生产和施工实际,理论的阐述、实验实训内容和范例有鲜明的应用实践性和技术实用性。注重对学生实践能力的培养,体现技术技能、应用型人才的培养要求,彰显实用性、直观性、适时性、新颖性和先进性等特点。

第三,革新传统模式,呈现互联网技术。本套教材革新传统教材编写模式,较充分地运用互联网技术和手段,将技术标准生产工艺与流程,以及施工技术各环节,以生动、灵活、动态、重复、直观等形式配合课堂教学和实训操作,如 AR 技术、二维码等融入,形成较为完整的教学资源库。

本教材于 2017 年 4 月正式出版,受到多所学校的欢迎。经实际使用,主编对书中存在的不足之处及时作了修改。使本书第二版无论从版面设计以及内容较之第一版更上一层。

装配式建筑是国内刚起步发展中的行业,很多课题正在研究探索之中,加上我们理论水平和实践经验有限,本套教材一定存在不少差错和不足,恳请专家读者给予批评指正,以便我们修订。

Foreword

前　言

　　2016 年 2 月 6 日《中共中央国务院关于进一步加强城市建设管理工作的若干意见》及 2016 年 9 月 27 日国务院常务会议审议通过的《关于大力发展装配式建筑的指导意见》中提出,10 年内,我国新建建筑中,装配式建筑比例将达到 30%。由此,我国每年将建造几亿平方米装配式建筑,这个规模和发展速度在世界建筑产业化进程中也是前所未有的,我国建筑界面临巨大的转型和产业升级压力。因此,按期完成既定目标,培养成千上万名技术技能应用人才刻不容缓。

　　教育必须服务社会经济发展,服从当前经济结构转型升级需求。土建类专业如何实现装配式建筑"标准化设计、工厂化生产、装配化施工、一体化装修、信息化管理和智能化应用",全面提升建筑品质、建筑业节能减排和可持续发展目标,人才培养则是一项艰苦而又迫切的任务。

　　教材是实现教育目的的主要载体。高等职业教育教材的编写,更应体现高职教育特色。高职教学改革的核心是课程改革,而课程改革的中心又是教材改革。教材内容与编写体例从某种意义上讲决定了学生从该门课程中能学到什么样的知识,把握什么技术技能,养成什么样的综合素质,形成什么样的逻辑思维习惯等等。因此,教材质量的好坏,直接关系到人才培养的质量。

　　基于对我国建筑业经济结构转型升级、供给侧改革和行业发展趋势的认识,针对高职建筑工程技术专业人才培养方案改革及教育教学规律的把握,上海思博职业技术学院与宝业集团股份有限公司、上海维启科技软件有限公司、上海住总工程材料有限公司、上海建工集团及部分高校合作编写了高职装配式混凝土建筑"互联网+"十三五规划教材。

　　本套教材以高职装配式混凝土建筑应用技术技能人才培养为目标。教材有《装配式混凝土建筑概论》《装配式混凝土建筑识图与构造＋习题集(套)》《装配式混凝土建筑生产工艺与施工技术》《装配式混凝土建筑法律法规精选》《装配式混凝土建筑工程测量＋实训指导(套)》《装配式混凝土建筑工程监理与安全管理》《装配式混凝土建筑规范与质量控制》《装配式混凝土建筑计量与计价＋实训指导(套)》《装配式混凝土建筑项目管理与 BIM 应用》《装配式混凝土建筑 BIM 软件应用技术》《装配式混凝土建筑三维扫描与制造技术》《装配式混凝土建筑构件运输与吊装技术＋实训指导(套)》。

本教材编写时力求内容精炼、重点突出、图文并茂、文字通俗,配合 AR、二维码等互联网技术和手段,体现教材的时代特征。

本丛书编写体现以下三个特点:

第一,紧贴规范标准,对接职业岗位。高校与企业合作开发课程,根据装配式混凝土建筑规范、工艺、施工、技术和职业岗位的任职要求,改革课程体系和教学内容,突出职业能力。

第二,服从一个目标,体现两个体系。本丛书在编写中注重理论教学体系和实践教学体系的深度融合。教材内容紧贴生产和施工实际,理论的阐述、实验实训内容和范例有鲜明的应用实践性和技术实用性。注重对学生实践能力的培养,体现技术技能、应用型人才的培养要求,彰显实用性、直观性、适时性、新颖性和先进性等特点。

第三,革新传统模式,呈现互联网技术。本套教材革新传统教材编写模式,较充分地运用互联网技术和手段,将技术标准生产工艺与流程,以及施工技术各环节,以生动、灵活、动态、重复、直观等形式配合课堂教学和实训操作,如 AR 技术、二维码等融入,形成较为完整的教学资源库。

装配式建筑是国内刚起步发展中的行业,很多课题正在研究探索之中,加上我们理论水平和实践经验有限,本套教材一定存在不少差错和不足,恳请专家读者给予批评指正,以便我们修订。

Contents

目　录

绪论 ……………………………………………………………………………… 1

第 1 章　装配式混凝土建筑预制构件制作施工准备 ……………………………… 4

　　1.1　预制构件制作施工 …………………………………………………… 4

　　1.2　装配式混凝土建筑原材料检验 ………………………………………… 5

　　1.3　模具组装 ……………………………………………………………… 10

　　1.4　安全技术交底 ………………………………………………………… 12

第 2 章　装配式混凝土建筑预制构件制作工艺流程 …………………………… 21

　　2.1　预制构件生产工艺 …………………………………………………… 21

　　2.2　预制构件生产设备 …………………………………………………… 21

　　2.3　预制叠合板施工工艺 ………………………………………………… 24

　　2.4　混凝土夹心保温墙板施工工艺 ………………………………………… 27

　　2.5　混凝土预制构件质量检验 ……………………………………………… 33

第 3 章　叠合楼板生产工艺与技术要求 ………………………………………… 39

　　3.1　叠合楼板施工工艺流程 ……………………………………………… 39

　　3.2　操作步骤与技术要求 ………………………………………………… 40

　　3.3　检测标准 ……………………………………………………………… 48

第 4 章　叠合墙板生产工艺与技术要求 ………………………………………… 53

　　4.1　叠合墙板工艺流程 …………………………………………………… 53

　　4.2　操作步骤与技术要求 ………………………………………………… 54

　　4.3　常见通病及预防措施 ………………………………………………… 58

第 5 章　三明治夹心墙生产工艺与技术要求 …………………………………… 60

　　5.1　三明治夹心墙生产工艺流程 …………………………………………… 60

5.2 三明治夹心墙生产工艺 ··· 60

5.3 预制件检测标准 ··· 72

第6章 套筒剪力墙生产工艺与技术要求 ························ 77

6.1 套筒剪力墙生产工艺流程 ····································· 77

6.2 操作步骤与技术要求 ··· 78

6.3 检测标准 ··· 85

第7章 管片制作生产工艺与技术要求 ························ 90

7.1 管片生产设备的强制规定 ····································· 90

7.2 管片生产设备的操作要求 ····································· 90

7.3 管片生产制作的操作工艺 ····································· 97

7.4 管片质量检验 ··· 103

第8章 预制构件运输及存放 ································· 115

8.1 预制构件存放 ··· 115

8.2 预制构件运输 ··· 117

8.3 构件堆放 ··· 119

第9章 装配式混凝土建筑预制构件施工 ···················· 122

9.1 装配式结构吊装设备 ··· 122

9.2 框架结构预制构件施工 ······································· 128

9.3 实心剪力墙预制构件施工 ····································· 148

9.4 双面叠合剪力墙构件预制施工 ································· 158

9.5 连接部位施工 ··· 168

9.6 成品保护 ··· 177

9.7 管片预制构件施工 ··· 178

第10章 装配式混凝土建筑生产安装质量管理 ················ 192

10.1 质量控制与检验 ·· 192

10.2 安装安全措施 ·· 197

10.3 生产作业施工过程中的环境保护措施 ······················· 199

附录 装配式混凝土结构相关标准 ·························· 201

参考文献 ··· 203

后记 ··· 204

绪　论

1. 装配式混凝土建筑的基本含义

装配式混凝土结构是指由预制混凝土构件通过可靠的连接方式装配而成的混凝土结构。在建筑工程中,简称装配式建筑;在结构工程中,简称装配式结构。

装配整体式混凝土结构是指由混凝土预制构件通过各种可靠的方式连接并与现场后浇混凝土、水泥基灌浆料形成整体受力的装配式混凝土结构。

2. 装配式混凝土建筑历史及发展趋势

1)装配式混凝土建筑发展历史

我国从 20 世纪 50—60 年代开始研究装配式混凝土结构的设计施工技术,形成了一系列的装配式混凝土结构体系,较为典型的建筑体系有装配式单层工业厂房建筑体系、装配式多层框架建筑体系、装配式大板建筑体系等。到 20 世纪 80 年代装配式混凝土结构应用达到全盛时期,许多地方都形成了设计、生产和施工安装一体化的模式,装配式混凝土结构和采用预制空心楼板的砌体建筑成为两种重要的建筑体系。由于装配式建筑的功能和物理性能存在的局限和不足,我国的装配式建筑设计和施工技术研发水平跟不上社会需求及建筑技术发展的变化,到 20 世纪 90 年代中期,装配式混凝土建筑已逐渐被全现浇混凝土结构体系取代。直到 21 世纪,现浇施工方式所造成的环境污染、噪声影响、资源浪费、施工危险等弊端逐步显露,我国建筑业又开始重视预制装配式混凝土结构的发展,装配整体式混凝土结构迎来了新的发展机遇。预制混凝土构件行业迎来了新的发展机遇,规模逐步扩大,技术更加先进,质量要求更高。

装配整体式混凝土结构是我国建筑结构发展的重要方向之一,它有利于建筑工业化的发展,提高生产效率,节约能源,发展绿色环保建筑,并且有利于提高和保证建筑工程质量。目前,我国装配式建筑发展较快的城市有深圳、济南、沈阳、上海和北京等,以示范、试点工程为切入点,在出台政策、技术创新、标准规范制定等方面大胆探索,在一定程度上促进了我国建筑工业化健康、持续、稳定、有序的发展。

2)装配式混凝土建筑发展趋势

(1)从闭锁体系向开放体系转变。原来的闭锁体系强调标准设计、快速施工,但结构性方面非常有限,也没有推广模数化。

(2)从湿体系向干体系转变。湿体系就是装配模块运到工地,但是接口必须要现浇混凝土,湿体系的典型国家是法国。瑞典推行的是干体系,干体系就是螺栓螺母的结合,其缺点是抗震性能较差,没有湿体系好。

(3) 从只强调结构的装配式,向结构装配式和内装系统化、集成化发展。

(4) 信息化的应用。

(5) 结构设计是多模式的:一是填充式;二是结构式;三是模块式;目前模块式发展相对比较快。

3. 装配式混凝土建筑特点

1) 装配式混凝土建筑优点

(1) 施工周期会缩短。装配式安装施工时间比较短,大量建造步骤可以在厂房里进行,不受天气影响,现场安装施工周期大幅缩短,非常适用于每年可以进行室外施工时间较短的严寒地区。在施工过程中运用装配式工法,不仅可以极大地提高施工机械化的程度,而且可以降低在劳动力方面的资金投入,同时降低劳动强度。据统计,高层可以缩短1/3左右的工期,多层和低层则可以缩短50%以上的工期。

(2) 降低环境负荷。因为在工厂内就完成大部分预制构件的生产,降低了现场作业量,使得生产过程中的建筑垃圾大量减少。在建筑材料的运输、装卸以及堆放等过程中,选用装配式建筑的房屋,可以大量地减少扬尘污染。在现场预制构件不仅可以去掉泵送混凝土的环节,有效减少泵产生的噪音污染。而且装配式施工高效的速度、夜间施工时间的缩短可以有效减少光污染。

(3) 减少资源浪费。建筑装配式住宅需要预制构件,这些预制构件都是在工厂内流水线生产的。流水线生产有很大的好处,其一就是可以循环利用生产机器和模具,这就使得资源消耗极大地减少。与装配建造方式相比,传统的建造方式不仅要在外墙搭接脚手架,而且需要临时支撑,这就会造成很多的钢材以及木材的耗费,对自然资源造成了大量消耗。但是装配式住宅不同,它在施工现场只有拼装与吊装这两个环节,这就使得模板和支撑的使用量极大地降低。不容忽视的一点的是,在装配式建筑的运营阶段,其在建造阶段的节能、节水、节材效益便会表现出来,相比传统现浇建筑减少了很大一部分资源的消耗。

(4) 结构质量有保证。采用机械自动化、信息化管理的流水线生产,避免了施工现场很多人为因素的破坏及施工上的转包行为,质量得到控制。解决了传统建造模式中普遍存在的漏水、隔音及隔热效果差等的质量问题。

2) 装配式混凝土建筑缺点

(1) 成本相对较高。在预制建筑出现的初期,工业化建筑产品成本低于传统古典建筑。而今天用预制混凝土大板形式建造的住宅和办公大楼的成本通常高于常规建造技术建造的建筑物。主要原因有以下几点:

① 现有单位体积预制构件采购价格高于现场现浇施工作业时的构件造价。

② 预制构件节点连接处钢筋的搭接导致结构总用钢量有所提升。

③ 预制构件中所采用的某些连接件,目前市场价格较高。

④ 若使用了保温夹芯板构造,节点复杂,大板缝隙的密封处理也会导致额外的费用。

⑤ 大体量的预制构件运输增加运输成本。

⑥ 预制构件重量相较于传统吊装能力要求提高,增加了现场吊装环节塔吊等机械措施费用。

（2）整体性较差。预制混凝土结构由于其本身的构件拼装特点，决定了其连接节点设计和施工质量非常重要，它们在结构的整体性能和抗震性能上起到了决定性作用。我国属于地震多发区，对建筑结构的抗震性能要求高，如果要运用预制混凝土结构，则必须加强节点连接和保证施工质量。

（3）缺少个性化。工业化预制建造技术的缺点是任何一个建设项目，包括建筑设备、管道、电气安装、预埋件都必须事先设计完成，并在工厂里安装在混凝土大板里，只适合大量重复建造的标准单元。而标准化的组件导致个性化设计降低。

第 1 章
装配式混凝土建筑预制构件制作施工准备

1.1 预制构件制作施工

1.1.1 建筑工程施工图

建筑工程施工图简称施工图,是表示工程项目总体布局,建筑物外部形状、内部布置、结构构造、内外装修、材料做法以及设备、施工等要求的图样,具有图纸齐全、表达准确、要求具体的特点。一套完整的建筑工程施工图,一般包括图纸目录、设计总说明、建筑施工图(简称建施)、结构施工图(简称结施)、给排水、采暖通风及电气施工图等内容,也可将给排水、采暖通风和电气施工图合在一起统称设备施工图(简称设施)。

(1)建筑施工图主要表示房屋的总体布局、内外形状、大小、构造等,其形式有总平面图、平面图、立面图、剖面图、详图。

(2)结构施工图主要表示房屋的承重构件的布置、构件的形状、大小、材料、构造等。其形式有基础平面图、基础详图、结构平面图、构件详图等,此部分将在装配式建筑识图与构造中作详细讲述。

(3)设备施工图主要包括给水排水、采暖通风、电气照明等各种施工图:① 给水排水施工图主要有用水设备、给水管和排水管的平面布置图及上下水管的透视图和施工详图等;② 采暖通风施工图主要有调节室内空气温度用的设备与管道平面布置图、系统图和施工详图等;③ 电气设备施工图主要有室内电气设备、线路用的平面布置图及系统图和施工详图等。

1.1.2 构件加工图

1. 构件加工深化设计图

装配式结构设计是生产前重要的准备工作之一,由于工作量大、图纸多、牵涉专业多,一般由建筑设计单位或专业的第三方单位进行预制构件深化设计,按照建筑结构特点和预制构件生产工艺的要求,将建筑物拆分为独立的构件单元,在接下来的设计过程中重点考虑构件连接构造、水电管线预埋、门窗及其他埋件的预埋、吊装及施工必需的预埋件、预留孔洞等,同时要考虑方便模具加工和构件生产效率,现场施工吊运能力限制等因素。一般每个预制构件都要通过绘制构件模板图、配筋图、预留预埋件图得到体现,个别情况需要制作三维视图。

2. 预制构件模板图

预制构件模板图是控制预制构件外轮廓形状尺寸和预制构件各组成部分形状尺寸的图纸,由构件立面图、顶视图、侧视图、底视图等组成。通过预制构件模板图,可以将预制构件外叶板的三维外轮廓尺寸以及洞口尺寸、内叶板的三维外轮廓尺寸以及洞口尺寸、保温板的三维外轮廓尺寸以及洞口尺寸等表达清楚。作为绘制预制构件配筋图、预制构件预留预埋件图的依据,同时也可以为绘制预制构件模具加工图提供依据。

3. 预制构件配筋图

在预制构件模板图的基础上,可以绘制预制构件配筋图。预制构件的配筋既要考虑构件结构整体受力分析中的受力,也要考虑预制构件在制造过程中的脱模、吊装、运输、安装临时支撑等工况的受力。在综合各种工况的前提下,计算出预制构件的配筋,最后绘制出预制构件配筋图。

4. 预制构件预留预埋图

预制构件必须按照施工图设计图纸要求进行水电、门窗的预留预埋,同时还必须考虑构件脱模、吊装、运输、安装和临时支撑等情况预留预埋件。

在预制构件模板图的基础上,水电、建筑等专业可以根据本专业的设计情况绘制预留预埋图。负责构件制造、施工、安装的人员也可以绘制构件预埋件图。综合以上情况,就可以绘制出最终的预留预埋件图。

5. 预制构件综合加工图

在绘制完成以上的预制构件模板图、配筋图、预留预埋件图后,有时为了方便使用,可以将模板图、配筋图、预留预埋件图综合绘制在同一张图纸之上。

1.1.3　预制构件模具设计图

模具设计图由机械设计工程师根据拆解的构件单元设计图进行模具设计,模具多数为组合式台式钢模具,模具应具有一定的刚度和精度,既要方便组合以保证生产效率,又要便于构件成型后的拆模和构件翻身,图纸一般包括平台制作图、边模制作图、零配件图、模具组合图,复杂模具还包括总体或局部的三维视图。

1.2　装配式混凝土建筑原材料检验

制作预制装配式混凝土构件的主要原材料有钢材、混凝土等。其中水泥、细骨料、粗骨料、钢材等 10 项材料需要进场复检,经检验合格后方可投入使用。

1.2.1　水泥质量检验

水泥进场前要求提供商出具水泥出厂合格证和质保单,对其品种、级别、包装或散装仓号、出厂日期等进行检查,并按批次对其强度(ISO胶砂法)、安定性、凝结时间等性能指标进行复检。

1. 强度检验(ISO胶砂法)

按规范要求制作胶砂强度试件,将成型好的试块放入标准养护箱中养护,24 h后拆模,再将试块养护到规定的龄期。龄期到达后进行强度试验,并记录数据,形成水泥强度检验报告。对于达不到强度要求的水泥一律不得使用。

2. 安定性

体积安定性是水泥的一项很重要的指标,体积安定性不合格的水泥将会导致混凝土构件发生不均匀开裂等现象。体积安定性检测应满足沸煮法的要求。

3. 凝结时间

硅酸盐水泥初凝不小于45 min,终凝不大于390 min。

普通硅酸盐水泥、矿渣硅酸盐水泥、火山灰质硅酸盐水泥、粉煤灰硅酸盐水泥和复合硅酸盐水泥初凝不小于45 min,终凝不大于600 min。

4. 细度

硅酸盐水泥和普通硅酸盐水泥以比表面积表示,不小于300 m^2/kg。矿渣硅酸盐水泥、火山灰质硅酸盐水泥、粉煤灰硅酸盐水泥和复合硅酸盐水泥以筛余百分数表示,80 μm方孔筛筛余百分数不大于10%或45 μm方孔筛筛余百分数不大于30%。

1.2.2 细骨料质量检验

使用前要对砂的含水、含泥量进行检验,并用筛选分析试验对其颗粒级配及细度模数进行检验,不得使用海砂。

1. 砂的颗粒级配筛分及细度模数

用天平称取烘干后的砂1 100 g待用。将标准筛由大到小排好顺序,将砂加入到最顶层的筛子中。将筛子放到振动筛上,开动振动筛完成砂子分级操作,称出不同筛子上的砂子量,做好记录,得出颗粒级配,并由以上数据计算得出砂子的细度模数。

2. 砂子质量应符合现行行业标准JGJ 52-2006《普通混凝土用砂、石质量及检验方法标准》的规定

砂的粗细程度按细度模数分为粗、中、细、特细四级。除特细砂外,砂的颗粒级配可按筛孔公称直径的累计筛余量(以质量百分率计)分成三个级配区(见表1-1),且砂的颗粒级配应处于某一区内。

表1-1 砂颗粒级配

级配区 粒径 累计筛余/%	Ⅰ区	Ⅱ区	Ⅲ区
5.00 mm	10～0	10～0	10～0
2.50 mm	35～5	25～0	15～0

（续表）

粒径＼级配区＼累计筛余/%	Ⅰ区	Ⅱ区	Ⅲ区
1.25 mm	65～35	50～10	25～0
630 μm	85～71	70～41	40～16
315 μm	95～80	92～70	85～55
160 μm	100～90	100～90	100～90

配制混凝土时宜优先选用Ⅱ区砂。当采用Ⅰ区砂时，应提高砂率，并保持足够的水泥用量，满足混凝土的和易性；当采用Ⅲ区砂时，宜适当降低砂率；当采用特细砂时，应符合相应的规定。

此外还要对砂的含水量、含泥量及泥块含量进行检测，达到相关材料规范要求后方可使用。

机制砂的检测参照上述规定执行。

1.2.3　粗骨料质量检验

使用前要对石子的含水、含泥量进行检验，并用筛选分析试验对其颗粒级配进行检验，其质量应符合现行行业标准JGJ 52－2006《普通混凝土用砂、石质量及检验方法标准》的规定：

（1）石子采用筛选分析实验方法参见砂筛选分析实验方法。石子的公称粒径、石筛筛孔的公称直径与方孔筛筛孔边长应符合表1－2的规定。碎石或卵石的颗粒级配，应符合表1－2的要求。混凝土用石应采用连续粒级。单粒级宜用于组合成满足要求级配的连续粒级，也可与连续粒级混合使用，以改善其级配或配成较大粒度的连续粒级。

表1－2　石筛筛孔的公称直径与方孔筛尺寸

级配	公称粒级（mm）	累计筛余按重量计/% 方孔筛筛孔尺寸/mm											
		2.36	4.75	9.5	16.0	19.0	26.5	31.5	37.5	53.0	63.0	75.9	90.0
连续粒级	5～10	95～100	80～100	0～15	0								—
	5～16	95～100	85～100	30～60	0～10	0	—						
	5～20	95～100	90～100	40～80	—	0～10	0	—	—	—	—		
	5～25	95～100	90～100	—	30～70	—	0～5	0					

(续表)

级配	公称粒级(mm)	累计筛余按重量计/%											
		方孔筛筛孔尺寸/mm											
		2.36	4.75	9.5	16.0	19.0	26.5	31.5	37.5	53.0	63.0	75.9	90.0
连续粒级	5~31.5	95~100	90~100	70~90	—	15~45	—	0~5	0	—	—	—	—
	5~40	—	95~100	70~90	—	30~65	—	—	0~5	0	—	—	—
单粒级	10~20	—	95~100	85~100	0~15	0	—	—	—	—	—	—	—
	16~31.5	—	95~100	—	85~100	—	—	0~10	0	—	—	—	—
	20~40	—	—	95~100	—	80~100	—	—	0~10	0	—	—	—
	31.5~63	—	—	—	95~100	—	—	75~100	45~75	—	0~10	0	—
	40~80	—	—	—	—	95~100	—	—	70~100	—	30~60	0~10	0

(2) 当卵石的颗粒级配不符合表1-2要求时,应采取措施并经试验证实能确保工程质量后方允许使用。

(3) 对于有抗冻、抗渗或其他特殊要求的混凝土,其所用碎石或卵石的含泥量不应大于1.0%。当碎石或卵石的含泥是非黏土质的石粉时,其含泥量由0.5%、1.0%、2.0%分别提高到1.0%、1.5%、3.0%。对于有抗冻、抗渗和其他特殊要求的强度等级小于C30的混凝土,其所用碎石或卵石的泥块含量应不大于0.5%。

1.2.4 减水剂质量检验

减水剂品种应通过试验室进行试配后确定,进场前要求提供商出具合格证和质保单等。减水剂产品应均匀、稳定,为此,应根据减水剂品种,定期选测下列项目:固体含量或含水量、pH值、比重、密度、松散容重、表面张力、起泡性、氯化物含量、主要成分含量(如硫酸盐含量、还原糖含量、木质素含量等)、净浆流动度、净浆减水率、砂浆减水率、砂浆含气量等。其质量应符合现行国家标准 GB 8076-2008《混凝土外加剂》的规定。

1.2.5 粉煤灰质量检验

粉煤灰进场前要求提供商出具合格证和质保单等,按批次对其细度等进行检验,应符合现行国家标准 GB/T 1596-2017《用于水泥和混凝土中的粉煤灰》中Ⅰ级或Ⅱ级技术性能及质量指标。

1.2.6　矿粉质量检验

矿粉进场前要求提供商出具合格证和质保单等,按批次对其活性指数、氯离子含量、细度及流动度比等进行检验,应符合现行国家标准 GB/T 18046－2008《用于水泥和混凝土中的粒化高炉矿渣粉》的规定。

1.2.7　钢材质量检验

钢材进场前要求提供商出具合格证和质保单,按批次对其抗拉伸强度、比重、尺寸、外观等进行检验,其指标应符合现行国家标准 GB/T 20065－2016《预应力混凝土用螺纹钢筋》、GB 1499.2－2007《钢筋混凝土用钢 第 2 部分：热轧带肋钢筋》等标准的规定。

1. 抗拉强度检验

将钢材拉直除锈后按如下要求截取试样,当钢筋直径 d＜25 mm 时,试样夹具之间的最小自由长度为 350 mm；当 25 mm＜d＜32 mm 时,试样夹具之间的最小自由长度为 480 mm；当 32 mm＜d＜50 mm 时,试样夹具之间的最小自由长度为 500 mm。

将样品用钢筋标距仪标定标距。将试样放入万能材料试验机夹具内,关闭回油阀,并夹紧夹具,开启机器。实验过程中认真观察万能材料试验机刻度盘,指针首次逆时针转动时的荷载值即为屈服荷载,记录该荷载。继续拉伸,直至样品断裂,指针指向的最大值即为破坏荷载,记录该荷载。

用钢尺量取的标距拉伸后的长度作为断后标距并记录。

2. 延伸率试验方法

一般延伸率求的是断后伸长率,钢筋拉伸前要先做好原始标记,如果是机器打印标记的话比较省事,拉断后按照钢筋的 5 倍直径测量,手工划印可以按照 5 倍直径的一半连续划印；到时测量三点,因为钢筋不一定断裂在什么位置,所以一般整根钢筋都要划印；测量结果精确到 0.25 mm,计算结果精确到 0.5%。

1.2.8　夹心保温材料质量检验

预制夹心保温构件的保温材料宜采用挤塑聚苯乙烯板(XPS)、硬泡聚氨酯(PUR)等轻质高效保温材料,选用时除应考虑材料的导热系数外,还应考虑材料的吸水率、燃烧性能、强度等指标。进场前要求供应商出具合格证和质保单,并对产品外观、尺寸、防火性能等进行检验。保温材料除应符合设计要求外,尚应符合现行国家标准 GB/T 17369－2014《建筑用绝热材料 性能选定指南》的规定。夹心保温材料应委托具有相应资质的检测机构进行检测。

1.2.9　预埋件质量检验

预埋件的材料、品种应按照构件制作图要求进行制作,并准确定位。各种预埋件进场前要求供应商出具合格证和质保单,并对产品外观、尺寸、强度、防火性能、耐高温性能等进行检验。预埋件应委托具有相应资质的检测机构进行检测。

1.2.10　混凝土质量检验

1. 混凝土配比要求

混凝土配合比设计应符合现行行业标准 JGJ 55－2011《普通混凝土配合比设计规程》的相关规定和设计要求。混凝土配合比已有必要的技术说明,包括生产时的调整要求。

混凝土中氯化物和碱总含量应符合现行国家标准 GB 50010－2010《混凝土结构设计规范》的相关规定和设计要求。

混凝土中不得掺加对钢材有锈蚀作用的外加剂。

预制构件混凝土强度等级不宜低于 C30;预应力混凝土构件的混凝土强度等级不宜低于 C40,且不应低于 C30。

2. 混凝土坍落度检测

坍落度的测试方法:用一个上口 100 mm、下口 200 mm、高 300 mm 喇叭状的坍落度桶,使用前用水湿润,分两次灌入混凝土后捣实,然后垂直拔起桶,混凝土因自重产生坍落现象,桶高(300 mm)减去坍落后混凝土最高点的高度,称为坍落度。如果差值为 10 mm,则坍落度为 10。

混凝土的坍落度,应根据预制构件的结构断面、钢筋含量、运输距离、浇注方法、运输方式、振捣能力和气候等条件选定,在选定配合比时应综合考虑,并宜采用较小的坍落度为宜。

3. 混凝土强度检验

混凝土强度检验时,每 100 盘,但不超过 100 m³ 的同配比混凝土,取样不少于一次;不足 100 盘和 100 m³ 的混凝土取样不少于一次,当同配比混凝土超过 100 m³ 时,每 200 m³ 取样不少于一次;每次取样应至少留置一组标准养护试件,同条件养护试件的留置组数应根据实际需要确定。

4. 混凝土配合比重新设计并检验

构件生产过程中出现下列情况之一时,应对混凝土配合比重新设计并检验:原材料的产地或品质发生显著变化时;停产时间超过一个月,重新生产前;合同要求时;混凝土质量出现异常时。

1.3　模　具　组　装

1.3.1　模具尺寸要求

预制构件模具除应具应满足承载力、刚度和整体稳定性要求外,还应符合下列规定。应满足构件质量、生产工艺、模具组装拆卸、周转次数等要求。应满足预制构件预留孔洞、插筋、预埋件的安装定位要求。预应力构件的模具应根据设计要求进行预设反拱。

所有模具必须清除干净,不得存有铁锈、油污及混凝土残渣,根据生产计划合理选取模具,保证充分利用模台,对于存在变形超过规定要求的模具一律不得使用,首次使用及大修后的模板应当全数检查,使用中的模板应当定期检查,并做好检查记录,预制构件的模板尺寸的允许偏差和检验方法应符合表1-3的规定,有设计要求时应按设计要求确定。

表1-3　模具尺寸允许偏差及检验方法

项次	检验项目级内容		允许偏差/mm	检　验　方　法
1	长度	≤6 m	−2,1	用钢尺平行构件高度方向,取其中偏绝对值较大处
		>6 m且≤12 m	−4,2	
		>12 m	−5,3	
2	截面尺寸	墙板	−2,1	用钢尺测量两端或中部,取其中偏绝对值较大处
3		其他构件	−4,2	
4	对角线差		3	用钢尺量纵横两方向的对角线
5	侧向弯曲		L/500且≤5	拉线,用钢尺量测侧向弯曲最大处
6	翘曲		L/500	对角拉线测量交点间距离值的两倍
7	底模表面平整度		2	用2 m靠尺和塞尺量
8	组装缝隙		1	用塞片或塞尺量
9	端模与侧模高低差		1	用钢尺量

注:其中 L 为模具与混凝土接触面中最长边的尺寸。

1.3.2　模具组装

边模组装前应当贴双面胶或者组装后打密封胶,防止浇筑振捣过程漏浆,侧模与底模、顶模组装后必须在同一平面内,严禁出现错台,组装后校对尺寸,特别注意对角尺寸,然后使用磁力盒进行加固,使用磁力盒固定模具时,一定要将磁力盒底部杂物清除干净,且必须将螺丝有效地压到模具上,模具组装时允许误差及检验方法如表1-4所示。模具预留孔洞中心位置的允许偏差如表1-5所示。

表1-4　模具组装尺寸允许偏差及检验方法

项次	测　定　部　位	允许偏差/mm	检　验　方　法
1	边长	±2	钢尺四边测量
2	对角线误差	3	细线测量两根对角线尺寸,取差值
3	底模平整度	2	对角用细线固定,钢尺测量细线到底模各点距离的差值,取最大值
4	侧模高差	2	钢尺两边测量取平均值
5	表面凹凸	2	靠尺和塞尺检查

项次	测定部位	允许偏差/mm	检 验 方 法
6	扭曲	2	对角线用细线固定,钢尺测量中心点高度差值
7	翘曲	2	四角固定细线,钢尺测量细线到钢模板边距离,取最大值
8	弯曲	2	四角固定细线,钢尺测量细线到钢模顶距离,取最大值
9	侧向扭曲	$H<300,1.0$	侧模两对角线细线固定,钢尺测量中心点高度
		$H>300,2.0$	

表 1-5 模具预留孔洞中心位置的允许偏差

项次	检验项目及内容	允许偏差/mm	检验方法
1	预埋件、插筋、吊环、预留孔洞中心线位置	3	用钢尺量
2	预埋螺栓、螺母中心线位置	2	用钢尺量
3	灌浆套筒中心线位置	1	用钢尺量

1.4 安全技术交底

1.4.1 安全施工交底

1. 预制厂一般安全要求

(1)新入场的工人必须经过三级安全教育,考核合格后,才能上岗作业;特种作业和特种设备作业人员必须经过专门的培训,考核合格并取得操作证后才能上岗。

(2)须接受安全技术交底,并清楚其内容,施工中严格按照安全技术交底作业。

(3)按要求使用劳保用品;进入施工现场,必须戴好安全帽,扣好帽带。

(4)施工现场禁止穿拖鞋、高跟鞋和易滑、带钉的鞋,杜绝赤脚、赤膊作业。

(5)不准疲劳作业、带病作业和酒后作业。

(6)工作时要思想集中,坚守岗位,遵守劳动纪律,不准在现场随意乱窜。

(7)不准破坏现场的供电设施和消防设施,不准私拉乱接电线和私自动用明。

(8)预制厂内应保持场地整洁,道路通畅,材料区、加工区、成品区布局合理,机具、材料、成品分类分区摆放整齐。

(9)进入施工现场必须遵守施工现场安全管理制度,严禁违章指挥,违章作业;做到三不伤害:不伤害自己,不伤害他人,不被他人伤害。

2. 构件加工注意事项

1)钢筋加工

(1)钢筋加工场地面平整,道路通畅,机具设备和电源布置合理。

（2）采用机械进行除锈、调直、断料和弯曲等加工时，机械传动装置要设防护罩，并由专人使用和保管。

（3）钢筋加工时按照钢筋加工机械安全操作规程作业。

（4）钢筋焊接人员需配戴防护罩、鞋盖、手套和工作帽，防止眼伤和皮肤灼伤。电焊机的电源部分要有保护，避免操作不慎使钢筋和电源接触，发生触电事故。

（5）钢筋调直机要固定，手与飞轮要保持安全距离；调至钢筋末端时，要防止甩动和弹起伤人。

（6）钢筋切断机操作时，不准将两手分在刀片两侧俯身送料。不准切断直径超过机械规定的钢筋。

（7）钢筋弯曲机弯制钢筋时，工作台要安装牢固；被弯曲钢筋的直径不准超过弯曲机规定的允许值。弯曲钢筋的旋转半径内和机身没有设置固定锁子的一侧，严禁站人。

（8）电机等设备要妥善进行保护接地或接零。各类钢筋加工机械使用前要严格检查，其电源线不要有破损、老化等现象，其自身附带的开关必须安装牢固，动作灵敏可靠。

（9）搬运钢筋要注意附近有无人员、障碍物、架空电线和其他电器设备，防止碰人撞物或发生触电事故。

2）混凝土施工

（1）施工人员要严格遵守操作规程，混凝土布料机和振动台设备使用前要严格检查，其电源线不要有破损、老化等现象，其自身附带的开关必须安装牢固，动作灵敏可靠。电源插头、插座要完好无损。

（2）工人必须懂得布料机和振动台的安全知识和使用方法，保养、作业后及时清洁设备。

（3）浇筑混凝土过程中，密切关注模板变化，出现异常停止浇筑并及时处理。

3. 构件的厂内存放及运输要求

（1）构件在移运过程中，应有工班长和安全员现场指挥。

（2）装运构件时，要仔细检查吊车伸入位置、深度，做到安全、平稳。在移运多块构件时，块与块之间安放大小一致的混凝土垫块，保证平稳。

（3）构件在拆模后，要用吊车移运至养护区，养护完成后再集中移运至存放区。构件码放场地平整，码放高度符合要求。

4. 施工用电、消防安全要求

（1）配电箱、开关箱必须有门、有锁、有防雨措施。配电箱内多路配电要有标记，必须坚持一机一闸用电，并采用两级漏电保护装置；配电箱、开关箱必须安装牢固，电动工具齐全完好，注意防潮。

（2）电动工具使用前要严格检查，其电源线不要有破损、老化等现象，其自身附带的开关必须安装牢固，动作灵敏可靠。电源插头、插座要符合相应的国家标准。

（3）电动工具所带的软电缆或软线不允许随意拆除或接长；插头不能任意拆除、更换。当不能满足作业距离要采用移动式电箱解决，避免接长电缆带来的事故隐患。

（4）现场照明电线绝缘良好，不准随意拖拉。照明灯具的金属外壳必须接零，室外照明灯具距地面不低于 3 m。夜间施工灯光要充足，不准把灯具挂在竖起的钢筋上或其他金属构件上,确保符合安全用电要求。

（5）易燃场所要设警示牌,严禁将火种带入易燃区。消防器材要设置在明显和便于取用的地点,周围不准堆放物品和杂物。消防设施、器材,要当由专人管理,负责检查、维修、保养、更换和添置,保证完好有效,严禁圈占、埋压和挪用。

（6）施工现场的焊割作业,必须符合防火要求。发现燃烧起火时,要注意判明起火的部位和燃烧的物质,保持镇定,迅速扑救,同时向领导报告和向消防队报警。

（7）扑救时要根据不同的起火物质,采用正确有效的灭火方法,如断开电源、撤离周围易燃易爆物质和贵重物品,根据现场情况,机动、灵活、正确地选择灭火用具等。

1.4.2 技术规范交底

1. 构件原材料

主要材料进场前,应提供材料厂家的营业执照、生产许可证、材料形式检验报告,证照及报告均应在有效期内。主要材料进场时,随车应提供材料质量证明文件（运输单据、出厂检测报告、合格证等）。有产品执行标准的辅料进场时,随车应提供材料质量证明文件（运输单据、出厂检测报告、合格证等）。

混凝土材料检验符合表1-6的要求。

表1-6 混凝土材料检验标准

品种	执行标准	进 场 检 验	批 次 检 验
水泥	GB 175-2007	/	安定性、凝结时间、强度（不大于500 t）
粉煤灰	GB/T 1596-2005	细度检测,颜色检查（车检）	细度、流失量（不大于200 t）
砂	JGJ 52-2006	筛分,含泥量检测（日检）	筛分析,含泥量,泥块含量（600 t）
石	JGJ 52-2006	筛分,含泥量检测（日检）	筛分析,含泥量,泥块含量,针片状,压碎值表（600 t）
外加剂	GB 8076-2008 GB 50119-2013	砂浆流动度检测（车检）	pH值、密度,含固量减水率（不大于50 t）
钢筋	GB 1499.2-2007	/	拉伸、弯曲、反向弯曲、尺寸表面、重量、晶粒度（当不大于60 t,每40 t增加拉伸和弯曲）

钢筋进场时,应按国家现行相关标准抽取试件作屈服强度、抗拉强度、伸长率、弯曲性能和重量偏差检验,检验结果应符合GB 1499.1-2008、GB 1499.2-2007标准的规定。同一厂家、同一类型、同一钢筋来源的成型钢筋,不超过30 t为一批。

用于预制构件的钢筋及混凝土原材料,按进场检验及批次检验要求进行检验,并填写试验记录形成试验报告。

用于吊点埋置的波纹套筒应做拉拔试验,50%、70%、100%混凝土强度各做一组,每组3个试件。

用于混凝土构件的金属埋件,应做镀锌处理。

用于预制件使用的主要材料,经检验符合工程使用要求后可用于预制构件生产。

用于预制件使用的辅料,经检查符合工程使用要求后方可用于预制构件生产。

2. 构件模具

使用模具厂加工定型模。预制构件模板组装的偏差及检验方法如表 1-5 所示。

PC 车间及技术部门配合物资部门确定模具制作方案,以书面形式向模具厂提出模具质量标准及要求。

模具进场时,物资部门组织 PC 车间及技术部门进行验收,符合模具质量标准及要求方可使用。与混凝土接触的模具面应清理打磨,模板面平整干净,不得有锈迹和油污。

使用水性脱模剂作为混凝土隔离剂,脱模剂应涂刷均匀,不得有集余和局部未喷涂现象。水性脱模剂涂刷后应在 8 h 内浇筑混凝土,防止水性脱模剂涂刷时间长造成的模板生锈情况。

水洗面处理的模板面需涂刷缓凝剂时,应在合模前将模板涂刷缓凝剂,合模时缓凝剂不得出现流淌现象。非水洗面的模板面和钢筋面不得有缓凝剂。

模板拼缝处使用 3~5 mm 的模具卡件密封处理,模板接缝应严密。

易出现漏浆的孔洞及间隙应采取相应的封堵措施,防止因漏浆导致的外观质量缺陷。

安装后的模板内不得有积水和其他杂物,使用温度不得超过 45℃。

模板安装后安装人员进行检验,检验数量为全数检查。符合模板安装质量要求后通知技术部门进行专项检验,模板首次使用时应全数检查,使用过程中的模板应抽查 10%,且不少于 5 件。

模板分项自检及专检结果符合要求方可进行下一道工序,且应有检验记录。

3. 钢筋(埋件)加工及安装

钢筋质量证明文件齐全有效,进场检验质量符合使用要求方可使用。

预制构件使用的钢筋应平直、无损伤,表面不得有裂纹、油污、颗粒状或片状老锈。

钢筋加工的形状、尺寸应符合表 1-7 要求,其偏差应符合表 1-7 的规定。加工人员及检验人员对同一设备加工的同一类型钢筋,每工作班抽查不应少于 3 件。

表 1-7　钢筋加工尺寸偏差

项　　　目	允许偏差/mm
受力钢筋沿长度方向的净尺寸	±10
弯起钢筋的弯折位置	±20
箍筋外廓尺寸	±5

完成成型的钢筋骨架应分类堆放,经检验合格的钢筋骨架须悬挂检验合格标识牌并记录,不合格品应及时修正或做报废处理。

钢筋安装偏差及检验方法应符合表 1-8 规定,受力钢筋保护层厚度的合格点率应达到 90% 及以上,且不得有超过表中数值 1.5 倍的尺寸偏差。钢筋安装人员对安装的钢筋全数检查,检验人员在同一检验批内,应抽查构件数量的 10%,且不应少于 3 件。

表 1-8　钢筋安装偏差及检验方法

项　　目		允许偏差/mm	检 验 方 法
绑扎钢筋网	长、宽	±10	尺量
	网眼尺寸	±20	钢尺量连续三挡,取最大值
绑扎钢筋骨架	长	±10	尺量
	宽、高	±5	尺量
纵向受力钢筋	锚固长度	-20	尺量
	间距	±10	钢尺量梁段,中间一点,取最大偏差值
	排距	±5	钢尺量连续三挡,取最大值
纵向受钢筋,箍筋的混凝土保护层厚度	墙	±3	尺量
绑扎箍筋、横向钢筋间距		±20	钢尺量连续三挡,取最大值
钢筋弯起点位置		20	尺量
预埋件	中心线位置	5	尺量
	水平高度	0,3	塞尺量测

保护层垫块应结构合理,造型匀称,便于使用。保护层垫块宜采用塑料类垫块,且应与钢筋笼绑扎牢固。垫块按梅花状布置,间距不宜大于 600 mm。

钢筋分项自检及专检结果符合要求方可进行下一道工序,且应有检验记录。

4. 构件生产

为防止构件出现批量性品质问题,构件生产应执行首件检验制度,首件生产时,甲方、监理、营销、生产、技术等部门均应参加,首件产品符合工程要求后方可正式批量生产。

使用 PC 车间 2 m³ 立式行星搅拌机拌制混凝土,搅拌机上料机构应安全可靠,无卡料、漏料现象。搅拌机出料机构应工作可靠、卸料迅速、干净,出料口不能有明显漏水、漏浆现象。

用于转运的中间料斗及浇筑料斗,料斗门应关闭严密,开启关闭灵活到位,不得出现漏浆和漏料情况。

搅拌机称量系统进行年度法定检定工作,并对检定结果进行确认,检定结果符合使用要求且在有效期内的称量系统方可生产使用。车间定期对搅拌机称量系统进行校准,每月不少于一次。

预制构件混凝土生产时,单盘方量不宜低于 0.4 m³。

经试验室签发确认的混凝土配合比方可用于预制构件生产。首次使用的混凝土配合比应进行开盘鉴定,其原材料、强度、凝结时间、稠度等应满足设计配合比的要求。

每班取样检测砂石含水率计算施工配合比,混凝土生产按施工配合比进行生产。

混凝土生产中,材料计量偏差应符合表 1-9 要求。

表 1－9　材料计量偏差

原材料品种	水　泥	细骨料	粗骨料	水	掺合料	外加剂
每盘计量允许偏差/％	±2	±3	±3	±2	±2	±2

每班应取样检测混凝土拌合物稠度,确认拌合物性能满足施工方案的要求。对同一配合比混凝土,每拌制 100 盘且不超过 100 m³ 时,取样不得少于一次;混凝土拌合物符合施工方案要求方可浇筑使用,试验室取样制作混凝土强度试件,每次制作试件不得低于 4 组,出池检测和出厂检测各 1 组,出池转标准养护 1 组,备用 1 组。

拌合物性能不符合浇筑要求的混凝土禁止浇筑使用,通知试验室处理,和易性异常的混凝土严禁施工浇筑和制作试件。拌制的混凝土拌合物从搅拌至浇筑完成,宜在 60 min 内完成。生产过程中根据砂石含水率变化和坍落度要求,调整用水量满足混凝土浇筑要求。砂率、外加剂、胶凝材料调整应经试验室确认后调整。

混凝土振捣。外墙板使用振动平台振捣。根据混凝土浆体稠度振捣时间,以混凝土停止下沉、不出现气泡、表面泛浮浆为止。

混凝土抹面及表面。混凝土浇筑完成后即对操作面收平处理,收面高度宜高于控制高度 1～2 mm。在混凝土表面收光后至初凝前,使用钢抹子压光收平,具体收面时间根据观测确定。使用专用工具对表面划痕处理,划痕深度和宽度为 4～6 mm,划痕应分别均匀。具体操作时间根据观测确定。

5. 构件养护

使用养护仓进行构件养护。

6. 构件拆模

构件混凝土强度能保证其表面及棱角不因拆模板而受损坏,方可拆除侧模。侧模拆除时间根据混凝土强度增长情况观测确定。构件侧面混凝土颜色还是青色,还没有泛白时严禁拆除模板。

拆除模板应采用相应的辅助工具作业,避免大力操作损伤模板或混凝土构件。

7. 构件存放

构件脱模时,生产人员及检验人员的构件进行全数检查,对一般性缺陷可对构件修复处理,严重性缺陷通知技术中心处理。

构件外观质量和尺寸偏差符合工程要求后,则在构件表面喷写构件标识,如表 1－10 所示。

表 1－10　构件标识

构件名称			
工程名称		构件编号	
浇筑日期		检验结果	
构件重量		检验人员	

喷写构件标识后的构件方可入库,外墙板立放在支撑架上。

试验室检测留置混凝土试件强度,混凝土强度大于等于设计强度值时,在该批次的构件标识中的"检验结果"栏填写"合格"。构件标识填写完全的构件方可出厂。

8.产品质量

预制构件的外观质量不应有严重缺陷和一般缺陷,且不应有影响结构性能和安装、使用功能的尺寸偏差。构件的外观质量应满足表1-11的要求。

表1-11 预制构件常见的外观质量缺陷

名称	现 象	严 重 缺 陷	一 般 缺 陷
露筋	构件内钢筋没有被混凝土包裹外露	纵向受力筋有露筋	其他钢筋有少量露筋
蜂窝	混凝土表面缺少水泥砂浆形成石子外露	构件主要受力部位有蜂窝	其他钢筋有少量蜂窝
孔洞	混凝土中空穴深度和长度均超过保护层厚度	构件主要受力部位有孔洞	其他钢筋有少量孔洞
夹渣	混凝土中夹有杂物且深度超过保护层厚度	构件主要受力部位有夹渣	其他钢筋有少量夹渣
疏松	混凝土中局部不密实	构件主要受力部位有疏松	其他钢筋有少量疏松
裂缝	缝隙从混凝土表面延伸至混凝土内部	构件主要受力部位有影响结构性能活使用功能的裂缝	其他部位有少量不影响结构性能过使用功能的裂缝
连接部位缺陷	构件连接处混凝土缺陷及连接钢筋、连接件松动、灌浆套筒未保护灌浆孔洞缺陷	连接部位有影响结构传力性能的缺陷	连接部位有基本不影响结构传力性能的缺陷
外形缺陷	缺棱掉角、棱角不直、翘曲不平、飞出凸肋等;装饰面砖黏结不牢、表面不平、砖缝不顺治等	清水或带装饰的混凝土构件内有影响使用功能或装饰效果的外形缺陷	其他混凝土构件有不影响使用功能的外形缺陷
外表缺陷	构件表面麻面、掉皮、起砂、沾污等	具有重要装饰效果的清水混凝土构件有外表缺陷	其他混凝土构件有不影响使用功能的外表缺陷

预制结构构件尺寸允许偏差及检验方法如表1-12所示。

表1-12 预制混凝土构件外形尺寸偏差允许值

项 目		允许偏差/mm	检 验 方 法
长度	板、梁、柱、桁架 ≤12 m	±5	尺量检查
	>12 m且<18 m	±10	
	<18 m	±20	
长度	墙板	±4 尺量检查	长度
宽度、(高)厚度	板、梁、柱、桁架截面尺寸	±5	钢尺量一端及中部,取其大值
	墙板的高度、厚度	±3	中偏差绝对值较大处

（续表）

项　　目		允许偏差/mm	检 验 方 法
表面平整度	板、梁、柱、墙板内表面	5	2 m 靠尺和塞尺检查
	墙板外表面	3	
侧向弯曲	板、梁、柱	$L/750$ 且<20	拉线、钢尺量最大
	墙板、桁架	$L/1\,000$ 且<20	侧向弯曲处
翘曲	板	$L/750$	调平尺在两端量测
	墙板	$L/1\,000$	
对角线差	板	10	钢尺量两个对角线
	墙板、门窗口	5	
挠度变形	梁、板、桁架设计起拱	±10	拉线、钢尺量最大弯
	梁、板、桁架下垂	0	曲处
预留孔	中心线位置	5	尺量检查
	孔尺寸	±5	
预留洞	中心线位置	10	尺量检查
	洞口尺寸、深度	10	
门窗口.	中心线位置	5	尺量检查
	宽度、高度	±3	
预埋件	预埋件中心线位置	5	尺量检查
	预埋件与混凝土面平面高差	−5,0	
	预埋螺栓中心线位置	2	
	预埋螺栓外露长度	−5,10	
	预埋套筒、螺母中心线位置	2	
	预埋套筒、螺母与混凝土面平面高差	−5,0	
	线管、电盒、木砖、吊环在构件平面的中心线位置偏差	20	
	线管、电盒、木砖、吊环与构件表面混凝土高差	−10,0	
预留插筋	中心线位置	3	尺量检查
	外露长度	±5	
键槽	中心线位置	5	尺量检查
	长度、宽度、深度	±5	

注：（1）L 为构件长度(mm)。
　　（2）检查中心线、螺栓和孔道位置偏差时，应沿纵、横两个方向量测，并取其中偏差较大值。

当在检查时发现有表面破损和裂缝时,要及时进行处理并做好记录。对于需修补的可根据程度分别采用不低于混凝土设计强度的专用浆料修补、环氧树脂修补、专用防水浆料修补,成品缺陷修补如表 1-13 所示。

表 1-13 成品缺陷修补

项目	缺 陷	处理方案	检 验 方 法
破损	(1) 影响结构性能且不能恢复的破损	废弃	目测
	(2) 影响钢筋、连接件、预埋件锚固的破损	废弃	目测
	(3) 上述(1)、(2)以外的,破损长度超过 20 mm	修补	目测、卡尺测量
	(4) 上述(1)、(2)以外,破损长度超过 20 mm 以下	现场修补	目测、卡尺测量
裂缝	(1) 影响结构性能且不可恢复的裂缝	废弃	目测
	(2) 影响钢筋、连接件、预埋件锚固的裂缝	废弃	目测
	(3) 裂缝宽度大于 0.3 mm 且裂缝长度超过 300 mm	废弃	目测、卡尺测量
	(4) 上述(1)、(2)、(3)以外的,裂缝宽度超过 0.2 mm	修补	目测、卡尺测量

第2章
装配式混凝土建筑预制构件制作工艺流程

2.1　预制构件生产工艺

2.1.1　固定台模工艺

固定台模工艺的主要特点是模板固定不动,如图2-1所示,在一个位置上完成构件成型的各道工序。需要较先进的生产线设置有各种机械如混凝土浇灌机、振捣器、抹面机等。这种工艺一般采用人工或机械振捣成型、封闭蒸汽养护。当构件脱模时,可借助专用机械使模台倾斜,然后脱模。

图2-1　固定台模生产线

2.1.2　自动流水线工艺

生产线一般建在厂房内,适合生产板类构件,如楼板、内外墙板等。在生产线上,按工艺要求依次设置若干操作工位(见图2-2)。模台沿生产线行走过程中完成各道工序,然后将已成型的构件连同模台送进养护窑。这种工艺机械化程度较高,生产效率也高,可连续循环作业,便于实现自动化生产。平模传送流水工艺的布局将养护窑建在和作业线平行的一侧,构成平面流水。

图2-2　流水施工生产线

2.2　预制构件生产设备

预制构件生产厂区内主要设备按照使用功能可分为生产线设备、辅助设备、起重设备、钢筋加工设备、混凝土搅拌设备、机修设备、其他设备等七种。

2.2.1 生产线设备

预制构件的生产设备主要包括：模台、清扫喷涂机、画线机、送料机、布料机、振捣刮平机、拉毛机、预养护窑、立体养护窑等。各设备简介和常见参数介绍如下。

1. 模台

目前常见模台有碳钢模台和不锈钢模台两种。通常采用 Q345 材质整板铺面,台面钢板厚度 10 mm。

目前常用的模台尺寸为 9 000 mm×4 000 mm×310 mm。

平整度：表面不平度在任意 3 000 mm 长度内±1.5 mm。

模台承载力：$p>6.5$ kN/m^2。

2. 清扫喷涂机

采用除尘器一体化设计,流量可控,喷嘴角度可调,具备雾化的功能。

规格为 4 110 mm×1 950 mm×3 500 mm,喷洒宽度为 35 mm,总功率为 4 kW。

3. 画线机

画线机主要用于在模台实现全自动画线。采用数控系统,具备 CAD 图形编程功能和线宽补偿功能,配备 USB 接口;按照设计图纸进行模板安装位置及预埋件安装位置定位画线,完成一个平台画线的时间小于 5 min。

规格为 9 380 mm×3 880 mm×300 mm,总功率为 1 kW。

4. 送料机

送料机有效容积不小于 2.5 m^3,运行速度 0～30 m/min,速度变频控制可调;外部振捣器辅助下料。

运行时输送料斗运行与布料机位置设置互锁保护;在自动运转的情况下与布料机实现联动;自动、手动、遥控操作方式;每个输送料斗均有防撞感应互锁装置,行走中有声光报警装置以及静止时锁紧装置。

5. 布料机

布料机沿上横梁轨道行走,装载的拌合物以螺旋式下料方式工作。

储料斗有效容积 2.5 m^3,下料速度(0.5～1.5)m^3/min(不同的坍落度要求)在布料的过程中,下料口开闭数量可控;与输送料斗、振动台、模台运行等可实现联动互锁;具有安全互锁装置;纵横向行走速度及下料速度变频控制,可实现完全自动布料功能。

6. 振动台

振动台可使模台液压锁紧;振捣时间小于 30 s,振捣频率可调;模台升降、锁紧、振捣、模台移动、布料机行走具有安全互锁功能。

7. 振捣刮平机

振捣刮平机采用上横梁轨道式纵向行走。升降系统采用电液推杆,可在任意位置停止并自锁;大车行进速度：0～30 m/min,变频可调;刮平有效宽度与模台宽度相适应;激振力大小可调。

8. 拉毛机

拉毛机适用于叠合楼板的混凝土表面处理;可实现升降,锁定位置;拉毛机有定位调整功能,通过调整可准确地下降到预设高度。

9. 预养护窑

养护窑几何尺寸:模台上表面与窑顶内表面有效高度不小于 600 mm;窑体宽度:平台边缘与窑体侧面有效距离不小于 500 mm。

开关门机构:垂直升降、密封可靠,升降时间小于 20 s;温度自动检测监控;加热自动控制(干蒸);开关门动作与模台行进的动作实现互锁保护。窑内温度均匀:温差小于 3℃。设计最高温度:不小于 60℃。

10. 抹光机

抹头可升降调节、能准确地下降到预设高度并锁定;在作业中抹头在水平面内可实现二维方向的移动调节,在设定的范围内作业;抹平力和浮动叶片的角度可机械地调节。

11. 立体养护窑

立体养护窑的每列之间内隔断保温,温、湿度单独可控;保温板芯部材料密度值不低于 15 kg/m³,并且防火阻燃,保温材料耐受温度不低于 80℃;温度、湿度自动检测监控;加热加湿自动控制;窑内平台确保定位锁紧,支撑轮悬臂防变形设计,支撑轮悬臂轴的长度不大于 300 mm;窑温的均匀性:温差小于 3℃。

2.2.2　预制混凝土构件运转设备

预制混凝土构件生产转运设备主要有翻板机、平移车、堆码机等。

1. 翻板机

负荷不小于 25 t;翻板角度 80°～85°;动作时间:翻起到位时间小于 90 s。

2. 平移车

负载不小于 25 t/台;平移车液压缸同步升降;两台平移车行进过程保持同步,伺服控制;平台在升降车上定位准确,具备限位功能;模台状态、位置与平移车位置、状态互锁保护;行走时,车头端部安装安全防护连锁装置。

3. 堆码机

地面轨道行走,模台升降采用卷扬式升降式结构,开门行程不小于 1 m;大车定位锁紧机构;升降架调整定位机构;升降架升降导向机构;负荷不小于 30 t;横向行走速度,提升速度均变频可调;可实现手动、自动化运行。

在行进、升降、开关门、进出窑等动作时具备完整的安全互锁功能。

在设备运行时设有声光报警装置;节拍时间小于 15 min(以运行距离最长的窑位为准)。

2.2.3　起重设备等

生产过程中需要起重设备、小型器具及其他设备,主要生产设备如表 2-1 所示。

表 2-1 生产主要起重工器具

工作内容	器具、工具
起 重	5～10 t 起重机、钢丝绳、吊索、吊装带、卡环、起驳器等
运 输	构件运输车、平板转运车、叉车、装载机等
清理打磨	角磨机、刮刀、手提垃圾桶等
混凝土施工	插入式振捣器、平板振捣器、料斗、木抹、铁抹、铁锨、刮板、拉毛笤子、喷壶、温度计等
模板安装拆卸	电焊机、空压机、电锤、电钻、各类扳手、橡胶锤、磁铁固定器、专用磁铁撬棍、铁锤、线绳、墨斗、滑石笔、划粉等

2.3 预制叠合板施工工艺

预制叠合板的施工工艺流程如图 2-3 所示。主要步骤包括模台清理、模具组装、涂刷

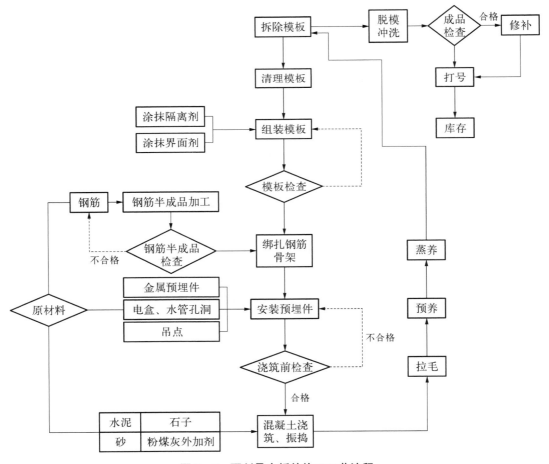

图 2-3 预制叠合板的施工工艺流程

隔离剂、钢筋骨架绑扎安装、预埋件安装、浇筑混凝土、混凝土抹面、养护、拆模、脱模和翻转起吊几大步骤。

2.3.1　模台清理

检查固定模台的稳固性能和水平高差,确保模台牢固和水平。对模台表面进行清理后,采用手动抹光机进行打磨,确保无任何锈迹。模具清理和组模将钢模清理干净,无残留混凝土和砂浆,如图2-4所示。

2.3.2　模具组装

在吊机配合下,人工辅助进行模板侧模和端模拼装,用紧固螺栓将其固定,保证模具侧模的拼装尺寸及垂直度。组模时尺寸偏差不得超出规范要求。模具组装及预留洞口如图2-5所示。

图2-4　叠合板底模清洗

图2-5　叠合板预留孔模具

2.3.3　涂刷隔离剂

在将成型钢筋吊装入模之前涂刷模板和模台隔离剂,严禁涂刷到钢筋上。过多流淌的隔离剂,必须用抹布或海绵吸附清理干净。

2.3.4　钢筋骨架绑扎安装

绑扎钢筋骨架前应仔细核对钢筋料尺寸,绑扎制作完成的钢筋骨架禁止再次割断。检查合格后,将钢筋网骨架吊放入模具,按梅花状布置好保护层垫块,调整好钢筋位置,如图2-6所示。

图2-6　叠合楼板钢筋绑扎

2.3.5　预埋件安装

根据构件加工图,依次安装各类预埋件,并固定牢固。严禁预埋件的漏放和错放。在浇筑混凝土之前检查所有固定装置是否有损坏、变形现象,如图 2-7 所示。

2.3.6　浇筑混凝土

浇筑前检查混凝土坍落度是否符合要求。浇筑时避开预埋件及预埋件工装。车间内混凝土的运输采用悬挂式输送料斗,或采用叉车输送混凝土布料斗的运输方式(见图 2-8)。在现场布置固定模台预制时,可采用泵车输送,或吊车吊运布料斗浇筑混凝土。振捣方式采用振捣棒或振动平台振捣,振捣至混凝土表面不再下沉,无明显气泡溢出为止。

图 2-7　预留孔洞固定　　　　　　图 2-8　自动布料机混凝土浇筑

2.3.7　混凝土抹面

振捣密实后,使用木抹抹平,保证混凝土表面无裂纹、无气泡、无杂质、无杂物。

2.3.8　养护

根据季节不同、施工工期、场地不同,可采用覆盖薄膜自然养护、封闭蒸汽养护等方式。蒸汽养护器具可采用拱形棚架、拉链式棚架。

2.3.9　拆模、脱模、翻转起吊

拆模之前,根据同条件试块的抗压试验结果确定是否拆模。待构件强度达到 20 MPa 以上,可进行拆模。先将可以提前解除锁定的预埋件工装拆除,解除螺栓紧固,再依次拆除端模、侧模。

可以借助撬棍拆解,但不得用铁锤锤击模板,防止造成模板变形。

　　拆模后，再次清理打磨模板，备下次使用。暂时不用时，可涂防锈油，分类码放，备下次使用。

　　模板拆除后将构件吊装翻转，如图2-9所示。

(a)　　　　　　　　　　　　　　　(b)

图2-9　构件脱模翻转、起吊

（a）脱模翻转　　（b）起吊

2.4　混凝土夹心保温墙板施工工艺

　　当进行不含保温层的墙板、叠合板等预制构件生产时，其区别只是与本节介绍的预制夹心混凝土外墙板生产工艺减去一次混凝土浇筑施工、保温层安放的环节。

　　以预制混凝土夹心保温板的反打工艺为例，介绍流水生产线的模台清扫、隔离剂喷涂、模台画线、下层模板安装、下层钢筋安装、混凝土一次浇筑、振捣刮平、保温板安放、连接件安装、上层模板安装、上层钢筋网片安装、预埋件安装、混凝土二次浇筑、振捣刮平、构件预养护、构件抹光、构件蒸养、构件脱模、墙板吊运、清洗检查等生产工序。

2.4.1　模台清理、喷涂、画线

　　模台运行到清扫机位，清扫机前端铲板清除零星混凝土块、砂浆，自动归纳进入废料收集斗。滚刷进行模台表面光洁度的刷洗处理。同时，除尘器收集在清扫过程中产生的粉尘。如果模台通过清扫机后，清扫效果达不到要求，需人工进行再次处理。定期清理废料箱、除尘器收集箱、滤筒。

　　模台运行到喷涂机位，喷涂机开始自动进行雾化喷涂隔离剂作业，在模台表面均匀地涂上一层隔离剂。隔离剂厚度、喷涂范围可以通过调整作业喷嘴的数量、喷涂角度、模台运行速度来加以调整。

　　将CAD图形文件输入到画线机主机。画线机将自动在模台表面进行模板、预埋件安装位置线的绘制。喷涂机和画线机的储料斗要定期加料,喷涂管道及喷嘴要定期清理干净。在模台之上,根据预制构件的长度、宽度,确定一次预制的构件数量,进而划定构件的定位轴线。根据轴线,划定外侧、内侧模板的线位,并标示出预埋件的位置。画线机接收来自中央控制系统的构件几何形状数据,绘制构件的轮廓线,对有门窗洞口的构件,还应绘制出相应的门洞和窗口轮廓线。

2.4.2　外叶板模板和钢筋的安装、装饰面就位

经过喷涂画线工序后,模台传送到模板、钢筋的安装工位。同时绑扎成型的钢筋网片也吊运到此工位。工人以预先画好的线条为基准,在模台上进行钢筋及模板组模作业,采用螺栓连接将模板固定牢靠。工作完成后进行模板尺寸校核和钢筋网保护层检查,其中钢筋保护层垫块每平方米不少于 4 个,确保符合设计和施工规范要求。

混凝土夹心保温墙板的施工工艺流程如图 2-10 所示(见下页)。

当外墙板为结构、保温、装饰一体化的设计时,需要反打工艺。根据装饰面的设计,进行瓷砖等外饰面的固定塑胶成型。将定型塑胶底模铺设到模具内,浇筑混凝土成型。也可在预制完成后,在室内进行外饰立面的装饰装修作业,直接将瓷砖等外饰物固定在构件表面。相对传统室外作业,具有施工容易且固定更加牢固的特点。外墙模板、钢筋安装及外墙饰面就位如图 2-11、图 2-12、图 2-13 所示。

图 2-11　外墙模板安装　　　　图 2-12　外墙钢筋安装　　　　图 2-13　外墙饰面就位

2.4.3　外叶板浇筑混凝土

模台运行至混凝土浇筑工位,对组装的模板、钢筋及预埋件进行检查,符合要求后即可准备进行外叶板混凝土的浇筑。

混凝土通过上悬式输送料斗由搅拌站运送至布料机料斗上部进行卸料。混凝土浇筑由布料机完成。自动布料时,需要根据构件的几何尺寸、混凝土的数量及坍落度等参数调整布料机相应的参数。特别是有开口的构件,需要提前设置好浇筑程序,确保自动分段开口布料。

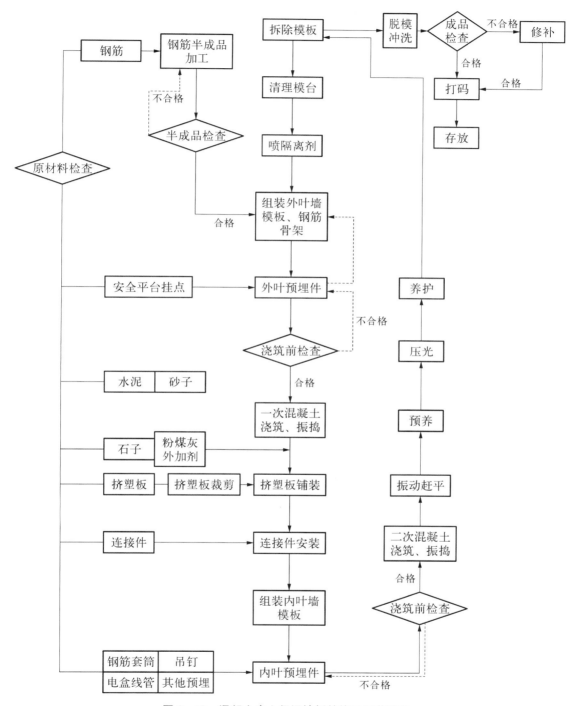

图 2 - 10 混凝土夹心保温墙板的施工工艺流程

振动台上升(或下降)并将模台锁在振动台上,根据构件厚度等参数调整振捣器的频率、振捣时间,确保混凝土振捣密实。作业人员做好听力安全防护,防止振动过程中的噪声过大,造成听力损伤,也可通过手动布料。在进行手动布料时,可以对布料机行走速度、下料速度进行调整。送料斗、布料斗应及时清洗,废料废水及时转移外运至垃圾站。

2.4.4 保温板和连接件安装、内叶板模板和钢筋安装

外叶板混凝土浇筑振捣完成后,对混凝土表面进行木抹抹平,确保表面平整。

在混凝土未初凝且有一定的流动性时,将加工好的保温板依次安放好,使保温板与混凝土面充分接触,确保保温板表面平整,如图 2-14 所示。

采用玻璃纤维连接件时,需在铺设好的保温板上,按照连接件设计图中的数量及位置,进行开孔。将连接件穿过空洞,插入外叶板混凝土,旋转连接件固定。如果采用套筒式、平板式、线型的钢制连接件,则根据需要,用裁纸刀在挤塑板上开缝或分块铺设保温板。在保温板安装完毕后,将条状板缝或圆形孔缝注塑封闭,确保无缝隙空洞。无论采用哪种连接工艺,均应保证安装位置的准确性。

保温层安装后,在保温板上安装上层模板,用于浇筑内叶板混凝土。上下层模板采用螺栓连接固定牢固。将加工好的钢筋网片铺设到保温板上的内叶板模板内,并按图纸工艺要求安装垫块,并确保保护层的厚度,如图 2-15 所示。

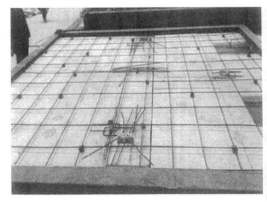

图 2-14 保温板的安装

图 2-15 二次钢筋布设、保护层厚度的确定

2.4.5 预埋件的安装

内叶板组模和钢筋安装完成后,模台运转到此工位,开始进行连接套筒、电盒、穿线管、斜撑点、吊点、模板加固点等预埋件的安装。

按照设计和施工规范要求,将连接套筒(已插入固定套筒胶座)依次用螺丝连接紧固在边模上。将灌浆管道伸出浇筑混凝土表面并封闭,防止泥浆砂石堵塞管道。利用工装将各

种预埋件(斜支撑固定点、现浇混凝土模板固定点、外挂点)安装在模具内。将吊点安装在模板开口处,各个预埋件尾端均安装锚筋。然后再安装电盒、穿线管、门窗口木砖等预埋件。其中电盒采用磁性固定底座定位。穿线管可采用绑扎进行固定。各种预留预埋管线(件)如图 2-16～图 2-19 所示。

图 2-16　线管、线盒预埋

图 2-17　内螺旋预埋

图 2-18　连接套筒与注浆管预埋方式一

图 2-19　连接套筒与注浆管预埋方式二

2.4.6　内叶板浇筑混凝土、预养护、抹光、蒸养

内叶板浇筑混凝土工序参照外叶板混凝土的浇筑过程。

在振捣刮平工位,依靠振捣刮平机对混凝土表面进行振捣,在振捣的同时对混凝土表面进行刮平。机械自动刮平后,人工局部再次刮平,如图 2-20、图 2-21 所示。

构件完成表面刮平后,进入预养护窑。通过对混凝土进行蒸养,以获得一定的初始结构强度,达到构件表面搓平压光的要求。预养护采用干蒸的方式,利用蒸汽管道散发的热量获得所需的窑内温度。窑内温度实现自动监控、蒸汽通断自动控制。窑内温度控制 30～35℃区间,最高温度不超过 40℃,如图 2-22 所示。

图 2-20　内叶板浇筑混凝土

图 2-21　机械刮平及修补

图 2-22　构件预先养护

图 2-23　构件抹光

经过预养护的混凝土预制构件已完成初凝,达到一定强度。出预养窑,进入抹光工位后,对构件面层进行搓平抹光。抹光机作业后,人工再次作业,确保构件所有表面的平整度及光洁度符合规范要求。抹光作业如图 2-23 所示。

构件在搓平抹光符合规范要求后,由堆码机将模台送入立体蒸养窑内进行蒸养。在恒温蒸养 8～10 h 后,再次由堆码机将平台从蒸养窑内取出送至窑外。

立体蒸养采用蒸汽湿热蒸养方式,利用蒸汽管道散发的热量及直接通入窑内的蒸汽获得所需的温度及湿度,温度、湿度实现全自动控制,蒸养温度最高不超过 60℃,确保升温及降温的速度符合要求,同时确保蒸养窑内各点温度均匀。对构件进行蒸养,使之达到脱模及吊装的强度要求,构件脱模强度不低于 20 MPa。

蒸养参数设置:升温速度不大于 15℃/h;恒温温度不大于 60℃;降温速度不大于 20℃/h。

2.4.7　拆模、起运

构件蒸养完成之后,运行至下一工位,拆除边模及门窗口模板。用扳手松开模板的固定螺栓,用专用撬棍松动固定磁铁,或用其他工具解除轴销固定装置的锁定。利用起重机配合拆除所有的模板,并对边模和门窗口模板进行清理,模板清理干净后传运到下一模板装配工位。

2.5 混凝土预制构件质量检验

2.5.1 模具尺寸检查

模具组装前的尺寸应符合表 1-4 的偏差要求。

2.5.2 预埋件、预留洞口质量检查

1. 预埋件检查

预埋件的材料、品种应按照构件制作图要求进行制作,并准确定位。各种预埋件进场前要求供应商出具合格证和质保单,并对产品外观、尺寸、强度、防火性能、耐高温性能等进行检验。

2. 预埋件制作及安装

预埋件制作及安装一定要严格按照设计给出的尺寸要求制作,制作安装后必须对所有预埋件的尺寸进行验收。预埋件加工允许偏差如表 2-2 所示,模具预留孔洞中心位置的允许偏差如表 2-3 所示。

表 2-2 预埋件加工允许偏差

项　　次	检验项目及内容		允许偏差/mm	检 验 方 法
1	预埋钢板的边长		-5,0	用钢尺量
2	预埋钢板的平整度		1	用直尺和塞尺量
3	锚筋	长度	-5,10	用钢尺量
		间距偏差	±10	用钢尺量

表 2-3 模具预留孔洞中心位置的允许偏差

项　　次	检验项目及内容	允许偏差/mm	检 验 方 法
1	预埋件、插筋、吊环、预留孔洞中心线位置	3	用钢尺量
2	预埋螺栓、螺母中心线位置	2	用钢尺量
3	灌浆套筒中心线位置	1	用钢尺量

注:检查中心线位置时,应沿纵、横两个方向测量,并取其中的较大值。

3. 连接套筒、连接件、预埋件、预留孔洞检验

固定在模板上的连接套筒、连接件、预埋件、预留孔洞位置的偏差应按表 2-4 的规定进行检测。

表 2-4　模板上的连接套筒、连接件、预埋件、预留孔洞位置的偏差及检验方法

检查项目	项目	允许偏差/mm	检验方法
钢筋连接套筒	中心线位置	±3	钢尺检查
	安装垂直度	1/40	拉水平线、竖直线测量两端差值且满足连接套管施工误差要求
	套管内部、注入、排出口的堵塞		目视
预埋件（插筋、螺栓、吊具等）	中心线位置	±5	钢尺检查
	外露长度	0,5	钢尺检查且满足连接套管施工误差要求
	安装垂直度	1/40	拉水平线、竖直线测量两端差值且满足施工误差要求
连接件	中心线位置	±3	钢尺检查
	安装垂直度	1/40	拉水平线、竖直线测量两端差值且满足连接套管施工误差要求
预留孔洞	中心线位置	±5	钢尺检查
	尺寸	0,8	钢尺检查
其他需要先安装的部件	安装状况：种类、数量、位置、固定状况	与构件制作图对照及目视	其他需要先安装的部件

2.5.3　钢筋及接头的质量检查

1. 钢筋原材检查

钢筋应无有害的表面缺陷，按盘卷交货的钢筋应将头尾有害缺陷部分切除。锈皮、表面不平整或氧化铁皮不作为拒收的理由。

直条钢筋的弯曲度不得影响正常使用，每米弯曲度不应大于 4 mm，总弯曲度不大于钢筋总长度的 0.4%。钢筋的端部应平齐，不影响连接器的通过。

钢筋表面不得用横向裂纹、结巴和折痕，允许有不影响钢筋力学性能和连接的其他缺陷。

弯芯直径弯曲 180°后，钢筋受弯曲部位表面不得产生裂纹。

2. 钢筋加工成型后检查

钢筋下料必须严格按照设计及下料单要求制作，制作过程中应当定期、定量检查，对于不符合设计要求及超过允许偏差的一律不得绑扎，按废料处理。钢筋加工允许偏差可参考表 1-8。

纵向钢筋（带灌浆套筒）及需要套丝的钢筋，不得使用切断机下料，必须保证钢筋两端平整，套丝长度、丝距及角度必须严格按照图纸设计要求，纵向钢筋及梁底部纵筋（直螺纹套筒连接）套丝应符合规范要求，套丝机应当指定专人且有经验的工人操作，质检人员不定期进行抽检。

3. 钢筋丝头加工质量检查

钢筋丝头加工质量检查的内容包括：

钢筋端平头：平头的目的是让钢筋端面与母材轴线方向垂直，采用砂轮切割机或其他专用切断设备，严禁气焊切割。

钢筋螺纹加工：使用钢筋滚压直螺纹机将待连接钢筋的端头加工成螺纹。加工丝头时，应采用水溶性切削液，当气温低于 0℃时，应掺入 15%～20%亚硝酸钠。严禁用机油作切削液或不加切削液加工丝头。

丝头加工长度为标准型套筒长度的 1/2，其公差为 $+2p$（p 为螺距）。

丝头质量检验：操作工人应按要求检查丝头的加工质量，每加工 10 个丝头用通环规、止环规检查一次。

经自检合格的丝头，应通知质检员随机抽样进行检验，以一个工作班内生产的丝头为一个验收批，随机抽检 10%，且不得少于 10 个，并填写钢筋丝头检验记录表。当合格率小于95%时，应加倍抽检，复检总合格率仍小于 95%时，应对全部钢筋丝头逐个进行检验，切去不合格丝头，查明原因并解决后重新加工螺纹。

4. 钢筋绑扎质量检查

绑扎过程中，对于尺寸、弯折角度不符合设计要求的钢筋不得绑扎。开处可不留保护层，钢筋绑扎的允许偏差及检验方法如表 2-5 所示。

表 2-5　钢筋安装位置的允许偏差及检验方法

项　　目		允许偏差/mm	检验方法
绑扎钢筋网	长、宽	±10	钢尺检查
	网眼尺寸	+20	钢尺量连续三挡，取最大值
绑扎钢筋骨架	长	±10	钢尺检查
	宽、高	±5	钢尺检查
受力钢筋	间距	±10	钢尺量两端、中间各一点，取最大值
	排距	±5	钢尺检查
	保护层厚度（含箍筋） 基础	±10	钢尺检查
	柱、梁	±5	钢尺检查
	板、墙、壳	±3	钢尺检查
绑扎箍筋、横向钢筋间距		±20	钢尺连续量三挡，取最大值
钢筋弯起点位置		20	钢尺检查
预埋件	中心线位置	5	钢尺检查
	水平高差	0,3	钢尺和塞尺检查
纵向受力钢筋	锚固长度	—20	钢尺检查

注：(1) 检查预埋件中心线位置时，应沿纵、横两个方向量测，并取其中的最大值。

　　(2) 表中梁类、板类构件上部纵向受力钢筋保护层厚度的合格点率应达到 90%及以上，且不得有超过表中数值 1.5 倍的尺寸偏差。

2.5.4　混凝土浇筑前质量检查

混凝土浇筑前应逐项对模具、钢筋、钢筋骨架、钢筋网片、连接套筒、拉结件、预埋件、吊具、预留孔洞、混凝土保护层厚度等进行检查验收并填写自检表(见表2-6)。

表2-6　混凝土浇筑前质量检查

序号	检查内容	检查标准	实测数据	自检判定
1	保温板拼装缝	(0,3)mm		
2	合模尺寸	±2 mm		
3	模具对角线	±3 mm		
4	侧模垂直度	1 mm(直角尺测量)		
5	连接件位置	±10 mm		
6	连接件安装深度	(0,2)mm		
7	连接件完整程度	不允许任何损坏		
8	连接件安装垂直度	1/40		
9	连接件安装数量	不允许任何损坏		
10	钢筋笼长度尺寸	10 mm		
11	钢筋笼宽度尺寸	5 mm		
12	钢筋笼高度尺寸	10 mm		
13	主筋位置、间距	5 mm		
14	箍筋间距	±20 mm		
15	保护层	±3 mm		
16	外露钢筋尺寸	(0,5)mm		
17	吊钩安装质量	钢筋型号、锚固长度、外露长度		
18	套筒中心线位置	±3 mm		
19	套筒数量	不允许漏放,同时检查套筒与套丝钢筋的紧固程度		
20	套筒与侧模缝隙	(0,1)mm		
21	埋件中心线位置	±5 mm		
22	埋件安装数量	不允许漏放		
23	埋件下方穿孔钢筋	钢筋型号、长度,埋件位于钢筋中心		
24	电器盒型号及数量	严格按图纸安装		

序号	检 查 内 容	检 查 标 准	实测数据	自检判定
25	电器盒中心线位置	±5 mm		
26	电器盒偏斜	不允许偏斜		
27	电器盒高度	(−2,0)mm		
28	钢筋网片尺寸	±10 mm		
29	钢筋网片网眼尺寸	20 mm		
30	埋件安装垂直度	1/40		
31	埋件安装数量	不允许漏放		
32	预留孔尺寸	(0,8)mm		
33	木砖数量	不允许漏放		
34	木砖高度	±2 mm		

2.5.5　预制构件装饰装修材料质量检查

1. 预制构件门窗框检查

门窗框、预埋管线等预制构件在制作、浇筑混凝土前要预先放置好,固定时要采取防止污染门窗框表面的保护措施,避免框体与混凝土直接接触产生电化学腐蚀,具体要求如表 2－7 所示。

表 2－7　门框和窗框安装位置允许偏差

项　　目	允许偏差/mm	检 验 方 法
门窗框定位	±1.5	钢尺检查
门窗框对角线	±1.5	钢尺检查
门窗框水平度	±1.5	钢尺检查

注:当采用计数检验时,除有专门要求外,合格点率应达到 80% 及以上,且不得有严重缺陷,可评定为合格。

2. 外装饰面砖检查

部分项目需要带装饰面层的预制构件,常规采用水平浇筑一次成型反打工艺,构件外装饰允许偏差如表 2－8 所示,生产检查时应注意:外装饰面砖的图案、分隔、色彩、尺寸需和设计要求一致,必要时可做大样图。

面砖铺贴前先进行模具清理,按照外装饰敷设图的编号分类摆放。面砖敷设前要按照图纸控制尺寸和标高在模具上设置标记,并按照标记固定和校正面砖。面砖敷设后表面要平整,接缝应顺直,接缝的宽度和深度应符合设计要求。

表 2-8　构件外装饰允许偏差

外装饰种类	项　目	允许偏差/mm	检　验　方　法
通用	表面平整度	2	2 m 靠尺或塞尺检查
石材和面砖	阳角方正	2	用托线板检查
	上口平直	2	拉通线用钢尺检查
	接缝平直	3	用钢尺或塞尺检查
	接缝深度	±5	
	接缝宽度	±2	用钢尺检查

注：当采用计数检验时，除有专门要求外，合格点率应达到 80% 及以上，且不得有严重缺陷，可评定为合格。

2.5.6　构件外观质量检验

预制构件的外观质量不应有严重缺陷，且不宜有一般缺陷。对已经出现的一般缺陷，应当按技术方案进行处理，并应进行重新检验。预制构件常见的外观质量缺陷可参考表 1-11。

预制构件的允许尺寸偏差及检验方法应符合表 1-12 规定，预制构件有粗糙面时，与粗糙面有关的尺寸允许偏差可适当进行放松。

当在检查时发现有表面破损和裂缝时，要及时进行处理并做好记录。对于需修补的可根据程度分别采用不低于混凝土设计强度的专用浆料修补、环氧树脂修补、专用防水浆料修补，成品缺陷修补如表 1-13 所示。

第3章
叠合楼板生产工艺与技术要求

3.1 叠合楼板施工工艺流程

叠合楼板的施工工艺流程如图3-1所示。

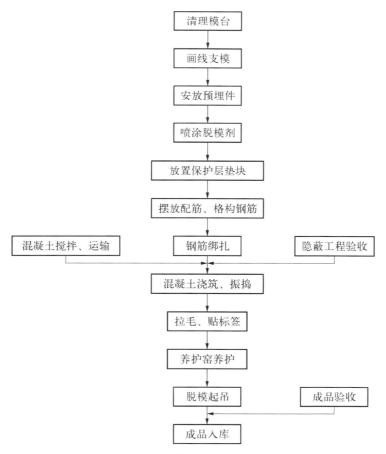

图3-1 叠合楼板的施工工艺流程

3.2 操作步骤与技术要求

3.2.1 清理模台

1. 前期准备

(1) 作业人数：1～2人。

(2) 作业工具：清扫机、铲刀、砂纸、抹布、扫把、打磨机。

(3) 作业耗材：脱模剂。

2. 操作步骤

(1) 将楼板起吊后留在模板桌上的边模、磁盒等相关物品清理，并整齐地摆放在指定位置，如图3-2所示。

(2) 人工手持铲刀将大块混凝土、热熔胶残渣等杂物清除，如图3-3所示。

图3-2 物品清理、摆放　　　　图3-3 清理杂物

(3) 启动清扫机从模板桌一端开始清扫1～2遍，最后将垃圾集中处理，如图3-4所示。

图3-4 处理垃圾

(4) 清扫机清扫结束后，在预理工位人工手持铲刀将桌面残留的固态杂物清理干净。

(5) 手持扫把、抹布将模台面残余的灰尘清扫、擦拭干净。

(6) 用砂纸或打磨机将模台面有锈迹的区域打磨清理，保证构件表面光泽无异物。

3. 技术要求

（1）运行清扫机前，检查模板桌上不得有大块混凝土、工具、模具或其他物品。

（2）操作清扫机时，检查运行轨道是否畅通无阻，操作按钮有无故障灯闪烁。

（3）模板桌必须无混凝土残渣、热熔胶残渣、锈迹等杂物。

3.2.2 画线支模

1. 前期准备

（1）作业人数：1～2人。

（2）作业工具：边模、锤子、卷尺。

（3）作业耗材：画线液、泡沫条、热熔胶、双面胶带。

2. 操作步骤

（1）准备好支模所需的器具，边模、磁盒、泡沫条等。

（2）确认基准点，根据拼版图将相关数据导入画线机控制系统中开始画线或者人工画线。

（3）按照画线标记摆放边模并用磁盒固定，磁盒间距50 cm左右，可根据实际情况变动，如图3-5所示。

（4）边模长度不够时用泡沫条代替，用美工刀切出需要的长度，如图3-6所示。

（5）在泡沫条底部贴上双面胶并涂抹适量的热熔胶进行固定，如图3-7所示。

（6）泡沫边模固定完成后再用磁盒将两边固定。用卷尺检查尺寸是否正确无误，如图3-8所示。

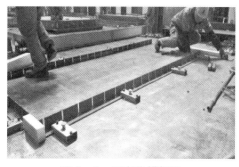
图3-5 固定边模摆设

图3-6 处理长度不够边模

图3-7 固定泡沫条

图3-8 检查尺寸

3. 技术要求

(1) 钢边模内侧要保证清洁无杂物。

(2) 支模前检查边模是否有变形,如有变形的边模必须更换。

(3) 固定完成后检查磁盒按钮是否都按压下去,边模不得有松动的情况出现。

(4) 边模放完后需检查长、宽、对角线长度,保证与图纸尺寸一致。

(5) 模板桌上残留的泡沫颗粒需用气枪、抹布及时清理。

(6) 泡沫边模完成后需保证不变形。

3.2.3 安放预埋件

1. 前期准备

(1) 作业人数:1 人。

(2) 作业工具:卷尺、铅笔、美工刀。

(3) 作业耗材:各规格线盒、泡沫条。

2. 操作步骤

(1) 根据图纸中预埋件位置尺寸,用铅笔在模台面上画出,如图 3-9 所示。

(2) 对线盒和泡沫块预加工,线盒管口处需安装锁母,预留洞口按图纸尺寸裁好泡沫块,如图 3-10 所示。

(3) 将热熔胶加热融化均匀涂抹在线盒和泡沫块底部,按照画线标记摆放预埋件,如图 3-11 所示。

(4) 质检人员进行预埋件隐蔽工程验收,如图 3-12 所示。

图 3-9　画出预埋尺寸

图 3-10　预加工线盒与泡沫块

图 3-11　摆放预埋件

图 3-12　工程验收

3. 技术要求

（1）严格按照图纸标准尺寸进行画线标记。

（2）使用热熔胶时不得将胶滴在模台面上，如不小心滴在模台面上请及时清理干净。

（3）安放时确保埋件紧固无松动。

3.2.4　喷涂脱模剂

1. 前期准备

（1）作业人数：1人。

（2）作业工具：压力壶、拖把、抹布。

（3）作业耗材：油性脱模剂。

2. 操作步骤

（1）使用压力壶均匀地喷洒脱模剂，适量即可，如图 3-13 所示。

（2）用拖把将模台面上的脱模剂涂抹均匀，用抹布将四周边模的内侧也涂抹上脱模剂，如图 3-14 所示。

图 3-13　喷洒脱模剂　　　　　　图 3-14　均匀涂抹脱模剂

3. 技术要求

（1）喷洒脱模剂时确保台面无锈迹及其他杂物。

（2）喷洒的脱模剂必须适量，不得出现"油坑"或者空白漏喷区域。

（3）禁止将脱模剂喷洒在预埋件上。

（4）操作喷洒时，禁止抽烟或者携带明火，注意消防安全。

（5）脱模剂是化学工业用品，切勿进入口、鼻、眼或长时间接触浸泡皮肤。

3.2.5　钢筋布放与绑扎

1. 前期准备

（1）作业人数：1～2人。

（2）作业工具：扎钩、石笔、卷尺。

（3）作业耗材：350 mm扎丝、长条塑料垫块。

2. 操作步骤

（1）根据不同面积放置适当数量的保护层垫块，每根塑料垫块长度1 m，按间距50 cm均布，如图3-15所示。

（2）按照图纸的要求的间距、外伸长度等摆放钢筋，将长向钢筋均匀摆放在保护层上，如图3-16所示。

图3-15　放置保护层垫块

图3-16　摆放长向钢筋

（3）按照图纸要求的间距，将格构钢筋摆放在保护层上与纵向钢筋平行，两名操作者在两端分别用卷尺从模板桌定位边开始量起确定摆放第一根格构钢筋的位置，依次向后进行测量摆放，重点测量板两侧的两根格构梁位置，该距离影响现场安装的空间，如图3-17所示。

（4）按照图纸要求的间距，将横向钢筋穿入格构钢筋内，摆放在长向钢筋上，横向钢筋穿放时不能挂带到格构钢筋，否则会产生移位，如图3-18所示。

图3-17　摆放格构钢筋

图3-18　穿放横向钢筋

（5）所以钢筋摆放完成后开始绑扎，要求边缘处满扎，中间部分采用梅花点状的方式跳扎，绑扎时确保钢筋间距正确不移位，格构钢筋与横向钢筋交叉点需满扎，如图3-19所示。

3. 技术要求

（1）摆放钢筋及绑扎钢筋时操作者应在两端作业，需保持台面整洁，不能直接踩踏已喷过脱模剂的模板桌上，禁止存在脚印或者其他杂物。

（2）构件连接埋件、开口部位、特别要求配置加强筋的部位，根据图纸要求配制加强筋。加强筋要按要求两处以上部位绑扎固定。

（3）横向钢筋、纵向钢筋的摆放要严格按照图纸间距尺寸摆放。

（4）若横纵向钢筋与预埋件相互干涉，则将钢筋折弯避开预埋件，如图 3-20 所示。

（5）桁架钢筋需按图纸间隔尺寸摆放，量出间距并在边模上标出后进行摆放。

图 3-19　绑扎钢筋

（6）若桁架钢筋与预埋件相互干涉，则将桁架钢筋偏移至不干涉位置，且偏移后与相邻桁架钢筋间距不得超过 600 mm。

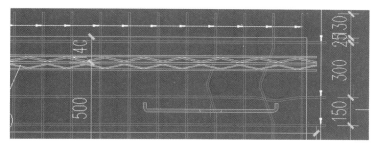

图 3-20　干涉处理

（7）与预埋件相互干涉的钢筋、桁架钢筋一律不得剪断。

（8）钢筋网片绑扎时上部钢筋网的交叉点应满扎，底部钢筋网四周满扎，中间部分采用梅花点状绑扎，如图 3-21 所示。

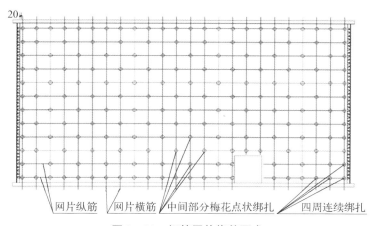

网片纵筋　网片横筋　中间部分梅花点状绑扎　四周连续绑扎

图 3-21　钢筋网片绑扎要求

（9）绑扎丝材质应按照制作要领要求，且扎丝不宜过长，根据钢筋规格选用不同规格长度的扎丝。

（10）绑扎丝末梢应向内侧弯折，以免影响保护层厚度，造成构件表面锈蚀。

（11）钢筋骨架绑扎完成后，质检人员按图纸进行隐蔽工程验收，验收合格后方可进行浇筑。

3.2.6　混凝土浇筑与振捣

1. 前期准备

（1）作业人员：2～3 人。

（2）作业工具：铁锹、抹灰刀、不锈钢盖板、毛刷。

（3）作业耗材：混凝土。

2. 操作步骤

（1）浇筑人员确认隐蔽工程质检单有质检员签字确认后，将所需混凝土用量报给搅拌站工作人员。

（2）浇筑前作业，人员先用不锈钢盖板将格构钢筋覆盖，如图 3-22 所示。

（3）混凝土送入布料机后，作业人员操作布料机开始浇筑，如图 3-23 所示。

图 3-22　覆盖格构钢筋

图 3-23　布料机浇筑混凝土

图 3-24　混凝土摊平

（4）浇筑完成后，作业人员用铁锹对分布不均的混凝土进行摊平，如图 3-24 所示。

（5）开启振动平台开始振动，同时作业人员观察是否仍有分布不均，有则拿铁锹摊平，同时拿抹灰刀将出筋边模处漏出的混凝土清理掉。

（6）振捣完成后用毛刷将预埋件上的混凝土刷干净。

3. 技术要求

（1）混凝土厚度需控制好，需达到图纸要求标准的±3 mm。

（2）摊平混凝土时，不得触碰、撞击预埋件使其移位或破损。

（3）振捣完成后，检查预埋件是否发生位移、上浮等异常情况，若有需及时处理。

（4）振捣完成后，检查是否发生跑模，特别是泡沫边模是否有变形，若有需及时处理。

（5）浇筑时若发现混凝土有异常，及时联系实验员并给出解决方案。

3.2.7　拉毛、贴标签

1. 前期准备

（1）作业人数：1人。

（2）作业工具：拉毛机。

（3）作业耗材：纸质标签。

2. 操作步骤

（1）调整拉毛机刀片的高度后，自动运行模台通过拉毛刀片，如图3-25所示。

图 3-25　拉毛处理

（2）完成拉毛后，对照图纸编号，将打印的纸质标签贴于格构钢筋上。

3. 技术要求

（1）如混凝土浮浆严重，则需等混凝土初凝后再拉毛。

（2）标签贴在格构钢筋上，不得贴在出筋位置。

3.2.8　养护窑养护

（1）控制操作面板，将模台送入养护窑仓位中进行8 h养护。

（2）记录每个养护窑仓位的构件编号，方便查找。

3.2.9　脱模起吊

1. 前期准备

（1）作业人数：3～4人。

（2）作业工具：吊链、锤子。

图 3-26　叠合楼板临时堆放

2. 操作步骤

（1）模台从养护窑出来后，拿掉磁盒轻敲边模至边模松动。

（2）相关人员对构件进行成品质量检查，如有问题及时向相关人员反映情况及时解决问题。

（3）降下行车，将吊链的四个挂钩分别挂在格构钢筋的第4～5格，操作行车，先慢慢升起一小段高度试吊，确认无异常情况后将构件起吊并堆放于临时堆放区，如图3-26所示。

3. 技术要求

（1）使用锤子拆除边模时，不得用力过猛导致边模变形。

（2）构件起吊上升过程中，作业人员需保持一定距离，避免受伤。

（3）楼板堆放在临时堆放区时，注意枕木的垫法，上下需保持受力点一致。

3.3 检 测 标 准

3.3.1 模具组装

模具应安装牢固、尺寸准确、拼缝严密、不漏浆，精度必须符合设计要求，并符合表 3-1 的规定，并应经全数验收合格后再投入使用。

表 3-1 模具尺寸的允许偏差和检验方法

测 定 部 位		允许偏差/mm	检 验 方 法
边长	≤6 m	−2,1	用钢尺量平行构件高度方向，取其中偏差绝对值较大处
	>6 m 且≤12 m	−4,2	
	>12 m	−5,3	
板厚	墙板	−2,1	用钢尺测量两端或中部，取其中偏差绝对值较大处
	其他构件	−4,2	
翘曲		$L/1\ 500$	对角拉线测量交点间距离值的两倍
底模表面平整度		2	用 2 m 靠尺和塞尺检查
侧向弯曲		$L/1\ 500$ 且≤5	拉线，用钢尺量测侧向弯曲最大处
预埋件位置（中心线）		±2	用钢尺量
对角线差		3	用钢尺量纵、横两个方向对角线
侧向扭度	$H≤300,1.0$		两角用细线固定，钢尺测中心点高度
	$H>300,2.0$		两角用细线固定，钢尺测中心点高度
组装缝隙		1	用塞片或塞尺量
端模与侧模高低差		1	用钢尺量

3.3.2 预埋件及预留孔洞

预埋件、预留孔和预留洞的尺寸应全数检查，允许偏差应符合表 3-2 的规定。

表 3-2 预埋件和预留孔洞的允许偏差和检验方法

项　　　目		允许偏差/mm	检 验 方 法
预埋钢板	中心线位置	3	钢尺检查
	安装平整度	±2	靠尺和塞尺检查

（续表）

项　　　目		允许偏差/mm	检　验　方　法
预埋管、预留孔中心线位置		3	钢尺检查
插　筋	中心线位置	3	钢尺检查
	外露长度	0.5	钢尺检查
预埋吊环	中心线位置	3	钢尺检查
	外露长度	0.8	钢尺检查
预留洞	中心线位置	3	钢尺检查
	尺寸	±3	钢尺检查
预埋螺栓	螺栓位置	2	钢尺检查
	螺栓外露长度	±2	钢尺检查
灌浆套筒	中心线位置	1	钢尺检查
	平整度	±1	钢尺检查

3.3.3 钢筋摆放

钢筋网和钢筋成品（骨架）安装位置需全数检查，其位置偏差应符合表3-3的规定。

表3-3 钢筋网和钢筋成品（骨架）尺寸允许偏差和检验方法

项　　　目			允许偏差/mm	检　验　方　法
钢筋网	长、宽		±5	钢尺检查
	网眼尺寸		±5	钢尺量连续三挡，取最大值
钢筋骨架	长		±5	钢尺检查
	宽、高		±5	钢尺检查
受力钢筋	间距		±5	钢尺量两端、中间各一点，取最大值
	排距		±5	
	保护层	柱、梁	±5	钢尺检查
		板、墙	±3	钢尺检查
钢筋、横向钢筋间距			±5	钢尺量连续三挡，取最大值
钢筋弯起点位置			15	钢尺检查

3.3.4 隐蔽工程验收

混凝土浇筑前质检人员需对构件进行隐蔽工程的验收，隐蔽工程的验收需符合有关标

准规定和设计文件要求。叠合楼板的隐蔽工程检查项目应包括以下内容:

(1) 模具各部位尺寸、定位、固定和拼缝等。

(2) 横向钢筋、纵向钢筋、格构钢筋的品种、规格、数量、位置等。

(3) 预埋件的规格、数量、位置固定等。

(4) 钢筋的混凝土保护层厚度。

3.3.5 成品验收

1. 主控项目

(1) 构件上的预埋件、插筋和预留孔洞的规格、位置和数量应符合标准图或设计的要求。检查数量:全数检查;检查方法:对照设计图纸进行观察、量测。

(2) 预制构件的外观质量不应有严重缺陷。对已经出现的严重缺陷应经原设计单位认可,并按技术处理方案进行处理,重新检查验收。检查数量:全数检查;检查方法:观察、检查技术处理方案。

(3) 预制构件的外观质量不宜有一般缺陷,构件的外观质量应根据表3-5确定。对已经出现的一般缺陷,应按技术处理方案进行处理,并重新检查验收。检查数量:全数检查;检验方法:观察,检查技术处理方案。

(4) 预制构件不应有影响结构性能和安装、使用功能的尺寸偏差。对超过尺寸允许偏差且影响结构性能和安装、使用功能的部位应经原设计单位认可,按技术处理方案进行处理,并重新检查验收。检查数量:全数检查;检查方法:量测、检查技术处理方案。

2. 一般项目

(1) 预制构件的尺寸偏差及预留孔、预留洞、预埋件、预留插筋、键槽的位置偏差应符合表3-4的规定。检查数量:同一规格(品种)、同一个工作班为一检验批,每检验批抽检不应少于30%,且不少于5件;检查方法:钢尺、拉线、靠尺、塞尺检查。

表3-4 预制构件尺寸允许偏差及检查方法

项 目			允许偏差/mm	检 查 方 法
长度	板、梁、柱、桁架	<12 m	±5	尺量检查
		≥12 m 且<18 m	±10	
		≥18 m	±20	
宽度、高(厚)度	板、梁、柱、桁架截面尺寸		±5	钢尺量一端及中部,取其中偏差绝对值较大处
表面平整度	板、梁、柱、墙板内表面		5	2 m靠尺和塞尺检查
	墙板外表面		3	
侧向弯曲	板、梁、柱		$L/750$ 且≤20	拉线、钢尺量最大侧向弯曲处
	墙板、桁架		$L/1\,000$ 且≤20	

(续表)

项　　目		允许偏差/mm	检 查 方 法
翘曲	板	$L/750$	调平尺在两端量测
	墙板	$L/1\,000$	
对角线差	板	10	钢尺量两个对角线
	墙板、门窗口	5	
挠度变形	梁、板、桁架设计起拱	±10	拉线、钢尺量最大侧向弯曲处
	梁、板、桁架下垂	0	
预留孔	中心线位置	5	尺量检查
	孔尺寸	±5	
预留洞	中心线位置	10	尺量检查
	洞口尺寸、深度	±10	
门窗口	中心线位置	5	尺量检查
	宽度、高度	±3	
预埋件	预埋件锚板中心线位置	5	尺量检查
	预埋件锚板与混凝土面平面高差	$-3,0$	
	预埋螺栓中心线位置	2	
	预埋螺栓外露长度	±5	
	预埋套筒、螺母中心线位置	2	
	线管、电盒、木砖、吊环在构件平面的中心线位置偏差	20	
	线管、电盒、木砖、吊环与构件表面混凝土高差	$-10,0$	
	预埋套筒、螺母与混凝土面平面高差	$-5,0$	
预留插筋	中心线位置	3	尺量检查
	外露长度	$0,5$	
键槽	中心线位置	5	尺量检查
	长度、宽度、深度	±5	

注: L 为构件长边的长度。

（2）预制构件的收光面、粗糙面的质量应符合设计要求。检查数量：全数检查；检查方法：观察。

3. 预制构件外观缺陷

预制构件外观质量应根据缺陷类型和缺陷程度进行分类,并应符合表 3-5 的分类规定。

表 3 - 5　预制构件外观质量缺陷

名　称	现　象	严 重 缺 陷	一 般 缺 陷
露筋	构件内钢筋未被混凝土包裹而外露	主筋有露筋	其他钢筋有少量露筋
蜂窝	混凝土表面缺少水泥砂浆面形成石子外露	主筋部位和搁置点位置有蜂窝	其他部位有少量蜂窝
孔洞	混凝土中孔穴深度和长度均超过保护层厚度	构件主要受力部位有孔洞	不应有孔洞
夹渣	混凝土中夹有杂物且深度超过保护层厚度	构件主要受力部位有夹渣	其他部位有少量夹渣
疏松	混凝土中局部不密实	构件主要受力部位有疏松	其他部位有少量疏松
裂缝	缝隙从混凝土表面延伸至混凝土内部	构件主要受力部位有影响结构性能或者使用功能的裂缝	其他部位有少量不影响结构性能或使用功能的裂缝
裂纹	构件表面的裂纹或者龟裂现象	预应力构件受拉侧有影响结构性能或者使用功能的裂纹	非预应力构件有表面的裂纹或者龟裂现象
连接部位缺陷	构件连接处混凝土缺陷及连接钢筋、连接件松动、灌浆套筒未保护	连接部位有影响结构传力性能的缺陷	连接部位有基本不影响结构传力性能的缺陷
外形缺陷	内表面缺棱掉角、棱角不直、翘曲不平等;外表面面砖黏结不牢、位置偏差、面砖嵌缝没有达到横平竖直、面砖表面翘曲不平等	清水混凝土构件有影响使用功能或装饰效果的外形缺陷	其他混凝土构件有不影响使用功能的外形缺陷
外表缺陷	构件内表面麻面、掉皮、起砂、沾污等;外表面面砖污染、预埋门窗破坏	具有重要装饰效果的清水混凝土构件、门窗框有外表缺陷	其他混凝土构件有不影响使用功能的外表缺陷,门窗框不宜有外表缺陷

4. 成品合格标准

(1) 主控项目全部合格。

(2) 一般项目应经检验合格且不应有影响结构安全、安装施工和使用要求的缺陷。

(3) 一般项目中允许偏差项目的合格率大于等于 80%,允许偏差不得超过最大限值的 1.5 倍,且没有出现影响结构安全、安装施工和使用要求的缺陷。

第章
叠合墙板生产工艺与技术要求

4.1 叠合墙板工艺流程

叠合墙板的生产工艺流程，如图 4-1 所示。

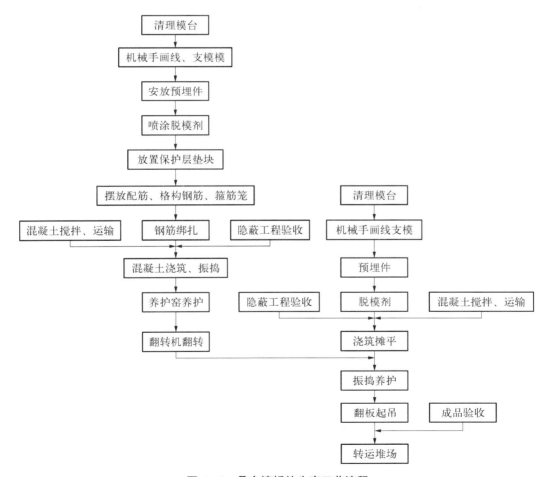

图 4-1 叠合墙板的生产工艺流程

4.2 操作步骤与技术要求

4.2.1 清理模台

（1）人工手持铲刀将大块混凝土、热熔胶残渣等杂物清除，如图4-2所示。

（2）操作机械手将墙板起吊后模板桌上的边模、磁盒等相关物品拆除，并整齐地摆放在指定位置，如图4-3所示。

图4-2 清理杂物

图4-3 机械手工作

图4-4 清扫机工作

（3）启动清扫机从模板桌一端开始清扫1～2遍，最后将垃圾集中处理。清扫机清扫结束后，人工手持铲刀将桌面残留的固态杂物清理干净，如图4-4所示。

4.2.2 机械手画线、支模

确认基准点，根据拼版图将相关数据导入机械手控制系统后，机械手会根据数据开始自动画线并支模，同时会将磁盒下压固定，如图4-5、图4-6所示。

图4-5 确认基准点

图4-6 机械手工作

4.2.3　安放预埋件

（1）根据机械手画出的预埋件位置尺寸,对照图纸检查位置尺寸是否一致。

（2）将热熔胶加热融化,均匀涂抹在线盒、安装螺母底部,按照画线标记摆放,同时将PVC管与线盒安装,如图4-7所示。

图 4-7　安装 PVC 管与线盒

图 4-8　喷涂脱模剂

4.2.4　喷涂脱模剂

（1）使用压力壶均匀的喷洒脱模剂,适量即可,如图4-8所示。

（2）用拖把将模台面上的脱模剂涂抹均匀,并用抹布将四周边模的内侧也涂抹上脱模剂。

4.2.5　钢筋布放与绑扎

（1）根据不同面积放置适当数量的保护层垫块,每根塑料垫块长度 1 m,按间距 50 cm均布,如图4-9所示。

（2）按照图纸的要求摆放间距、外伸长度等,将长向钢筋均匀摆放在保护层上,如图4-10所示。

图 4-9　放置保护层垫块

图 4-10　放置长向钢筋

（3）按照图纸要求的间距,将格构钢筋摆放在保护层上与纵向钢筋平行。按照图纸要求的间距,将横向钢筋穿入格构钢筋内,摆放在长向钢筋上,如图 4－11 所示。

图 4－11　放置格构钢筋

图 4－12　绑扎箍筋

（4）按照图纸要求的间距,将箍筋在指定位置绑扎整齐后入模,如图 4－12 所示。

（5）所有钢筋摆放完成后,开始进行绑扎,并将钢筋绑扎牢固(即 S1 面),如图 4－13 所示。

（6）按照图纸要求的间距,将上层钢筋网绑扎(即 S2 面)在格构钢筋上,如图 4－14 所示。

图 4－13　绑扎钢筋

图 4－14　将上层钢筋网绑扎在格构钢筋上

4.2.6　混凝土浇筑与振捣

（1）混凝土送入布料机后,作业人员操作布料机开始浇筑,如图 4－15 所示。

（2）浇筑完成后,作业人员用铁锹对分布不均的混凝土进行摊平,如图 4－16 所示。

4.2.7　养护窑养护

（1）控制操作面板,将浇筑完成的 S1 面模台送入相应的养护窑仓位。

（2）待 S2 面浇筑完成,控制主控系统将对应的养护完成的 S1 面出窑并叠合,最终将叠

图 4-15　布料机浇筑混凝土

图 4-16　混凝土摊平

合墙板送入养护窑进行 8 h 养护。

4.2.8　翻转机翻转

（1）通过计算机主控系统将需要的 S1 面墙板从养护窑中调出到翻板工位，如图 4-17 所示。

（2）将模台上的墙板用专用夹具固定后，移动到刚浇筑完成的 S2 面工位上方，如图 4-18所示。

图 4-17　调出 S1 面墙板

图 4-18　移动

（3）启动翻转机将 S1、S2 面叠合，打开夹具后移开翻转机。

（4）开启振动，平台开始振捣。

4.2.9　翻板起吊

（1）将模台移动到翻板机工位，将吊链上的钩子挂于墙板上的吊钩上，操作翻板机开始翻板，如图 4-19 所示。

（2）将叠合墙板放于临时堆放区等待转运。

图 4‑19 叠合墙板翻转

4.3 常见通病及预防措施

4.3.1 麻面

麻面:指小凹坑、麻点、表面粗糙,无钢筋外露现象。

预防措施:制模前,模板表面清理干净,不得粘有水泥砂浆等杂物,并仔细涂刷脱模剂,不得漏刷;混凝土振捣时,注意振捣时间,不得长时间振捣同一处,防止水泥浆流失。

治理措施:用1:2水泥砂浆制成塑态体,修补后1h再次收光抹平,并用同种水泥灰浆刷抹。或者用水泥净浆和修复砂浆修复。

4.3.2 蜂窝

蜂窝:指局部酥松、砂浆少石子多、石子之间形成类似蜂窝状的窟窿。

预防措施:仔细设计混凝土配合比,严格控制混凝土搅拌质量,保证混凝土计量准确、拌和均匀、坍落度适合;到现场的混凝土保证具有良好的和易性、流动性、保水性,符合设计坍落度的要求;混凝土从装车到现场,时间不大于2h;浇筑高度超过2m,设置串筒或溜槽;竖向浇灌混凝土分层分批浇灌,分层震实;浇筑过程中,专人检查模板是否牢固、是否有严重的漏浆现象;模板下角做砂浆找平层,有空隙的地方用腻子嵌实,防止模板下角漏浆,造成"烂角"现象。

治理措施:情况较严重的蜂窝现象,应先凿除混凝土表面酥松层,露出坚实的混凝土,用水冲刷干净后,用表面修复砂浆对其表面进行修复,达到产品要求。

4.3.3 表面不平整

表面不平整:指混凝土表面凹凸不平,厚度不均。

预防措施：保证定位线位置准确，顺直，模板放置严格按照定位线位置；混凝土浇好以后，必须具有一定强度后（1.2 MPa）方允许人员走动。

治理措施：混凝土表面不平整现象较严格，需用表面修复砂浆对其表面进行修复，达到产品要求。达不到要求，无法处理，作废品处理。

4.3.4　温度裂缝

温度裂缝分为表面、深进和贯穿三种类型。

表面温度裂缝走向无一定规律，梁板结构或长度尺寸较大短边，大面积结构裂缝常纵横交错；深进和贯穿温度裂缝，一般与短边平行或接近于平行，裂缝沿全长分段出现，中间较密的构件裂缝多平行。

预防措施：预防表面温度裂缝，可以从控制构件内外不出现较大的温差；混凝土浇筑后及时覆盖帆布盖等保温措施并浇水湿润；延长拆模时间，增加保温层；应注意混凝土块体中心温度与表面温差不大于 25℃。预防深进和贯穿温度裂缝，应尽量选用低水化热的矿渣水泥或粉煤灰水泥配置混凝土；在混凝土中掺加适量的粉煤灰、减水剂等来减少水泥用量，降低水灰比（0.6 以下）减少水化热；混凝土浇筑时，必须加强振捣。混凝土浇筑后，要加强表面保温；冬季施工，应适当延长构件拆模的时间，并视情况在板上覆盖帆布盖等保温材料控制混凝土内外温差。

治理措施：视表面温度裂缝大小，用表面修复砂浆对其表面进行修复，确保达到产品要求。

第5章
三明治夹心墙生产工艺与技术要求

5.1　三明治夹心墙生产工艺流程

三明治夹心墙的生产工艺流程如图5-1所示(下页图)。

5.2　三明治夹心墙生产工艺

5.2.1　清理模台

1. 前期准备

(1) 作业人数：1～2人。

(2) 作业工具：铲刀、砂纸、抹布、扫把、打磨机。

(3) 作业耗材：脱模剂。

2. 操作步骤

(1) 墙板起吊后将模板桌上的模具、磁盒等相关物品拆除,并按要求整齐的摆放在指定位置。

(2) 人工手持铲刀将大块混凝土、热熔胶残渣等杂物清除。

(3) 人工手持铲刀将桌面残留的固态杂物清理干净,如图5-2所示。

(4) 手持扫把、抹布将模台面残余的灰尘清扫、擦拭干净。

(5) 用砂纸或打磨机将模台面有锈迹的区域打磨清理,保证构件表面光泽无异物。

3. 技术要求

(1) 模板桌必须无混凝土残渣、热熔胶残渣、锈迹等杂物。

(2) 不得将模具乱扔,避免再次使用时缺少零件。

图5-2　清理杂物

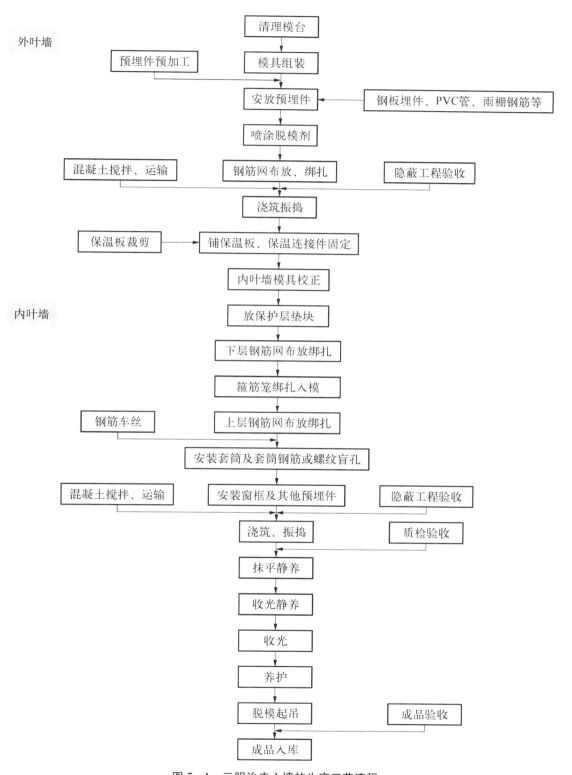

图 5‑1　三明治夹心墙的生产工艺流程

5.2.2 模具组装

1. 前期准备

（1）作业人数：2~3 人。

（2）作业工具：电动扳手、锤子、卷尺、磁盒。

2. 操作步骤

（1）准备好需要组装的模具器具、磁盒以及其他工具等。

（2）根据模具组装图纸将各部分零件拼装，完成后用电动扳手将螺母固定，如图 5-3 所示。

（3）拼装完成后用卷尺检查主要尺寸，并微调有偏差的尺寸。

（4）将拼好的模具边沿处用磁盒固定，并在此检查主要尺寸。

3. 技术要求

（1）磁性边模内侧要保证清洁无杂物。

（2）固定完成后检查磁盒按钮是否都按压下去，边模不得有松动的情况出现。

图 5-3 拼装零件

（3）边模放完后需检查长、宽、对角线长度，保证与图纸尺寸一致。

（4）外叶墙完成浇筑后需重新检查和校正内叶墙模具。

（5）模板桌上残留的异物和泡沫颗粒需用气枪、抹布及时清理。

5.2.3 安放预埋件

1. 前期准备

（1）作业人数：1 人。

（2）作业工具：卷尺、铅笔、美工刀。

（3）作业耗材：热熔胶、各规格线盒、PVC 线管、安装螺母等其他预埋。

2. 操作步骤

（1）根据图纸标注尺寸，画出的预埋件位置尺寸，完成后对照图纸检查位置尺寸是否一致。

（2）对线盒、PVC 管、安装螺母预加工，线盒管口处需安装锁母，PVC 管长度按图纸要求下料，如图 5-4 所示。安装螺母有时会需要穿插一根连接钢筋。

（3）PVC 管：将热熔胶加热融化，均匀涂抹在 PVC 管上，按照画线标记摆放固定，如图 5-5 所示。

图 5-4　预加工

图 5-5　PVC 管固定

（4）预埋钢板：将热熔胶均匀涂抹在预埋钢板底部，按照画线标记摆放固定，如图 5-6 所示。

（5）雨棚钢筋：按照图纸要求确定雨棚钢筋位置尺寸后，用 20 mm×20 mm 的泡沫条支模，将钢筋摆放好并做必要的固定绑扎，撒入黄沙并浇适量水，最后在表层撒一层干水泥，如图 5-7 所示。

（6）线盒及安装螺母：将安装螺母用螺母直接固定在工装架上，线盒用特定的工装架固定后，将 PVC 线管与线盒连接或直接固定在钢筋网片上，如图 5-8 所示。

图 5-6　预埋钢板

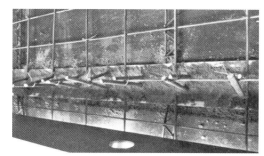

图 5-7　雨棚钢筋

图 5-8　线盒及安装螺母的固定

3. 技术要求

（1）严格按照图纸标准尺寸进行预埋件的安放。

（2）使用热熔胶时不得将胶滴在模台面上，若不小心滴在模板桌面上，请及时清理干净。

（3）涂在预埋钢板的热熔胶需均匀且适量。

（4）雨棚钢筋与混凝土铆接部分需采取措施保证竖直向上不倒下。

（5）水电槽处 PVC 管需伸出 2～3 cm 左右，即实际下料长度要适当大于图纸要求。

(6)安放时确保埋件的数量、位置准确无误,且安装完成后需检查预埋件是否紧固无松动。

5.2.4 喷涂脱模剂

1. 前期准备

(1)作业人数:1人。

(2)作业工具:压力壶、拖把、抹布。

(3)作业耗材:油性脱模剂。

2. 操作步骤

(1)使用压力壶均匀的喷洒脱模剂,适量即可,如图5-9所示。

(2)用拖把将模台面上的脱模剂涂抹均匀,用抹布将四周边模的内侧以及内叶墙边模的内侧也涂抹上脱模剂,如图5-10所示。

图5-9 喷洒脱模剂

图5-10 涂抹脱模剂

3. 技术要求

(1)喷洒脱模剂时确保台面无锈迹及其他杂物。

(2)喷洒的脱模剂必须适量,不得出现"油坑"或者空白漏喷区域。

(3)禁止将脱模剂喷洒在预埋件上。

(4)操作喷洒时,禁止抽烟或者携带明火,注意消防安全。

(5)脱模剂是化学工业用品,切勿进入口、鼻、眼或长时间接触浸泡皮肤。

5.2.5 钢筋布放与绑扎

1. 前期准备

(1)作业人数:2~3人。

(2)作业工具:扎钩、石笔、卷尺。

(3)作业耗材:350 mm扎丝、长条塑料垫块、各种规格钢筋。

2. 操作步骤

（1）根据不同面积放置适当数量的保护层垫块，每根塑料垫块长度 1 m，按间距 50 cm 均布，如图 5-11 所示。

（2）按照图纸的要求摆放间距、外伸长度等，将外叶墙横纵向钢筋均匀摆放在保护层上并绑扎，如图 5-12 所示。

图 5-11　放置保护层垫块　　　　　　　图 5-12　绑扎纵横向钢筋

（3）外叶墙浇筑完成且保温板铺设完成后，放保护层垫块，开始布放内叶墙下层钢筋网并绑扎，如图 5-13 所示。

（4）按照图纸要求的间距，将箍筋在指定区域绑扎整齐后入模。若箍筋要求出筋，则直接在模具中将箍筋笼绑扎，如图 5-14 所示。

图 5-13　绑扎内叶墙下层钢筋　　　　　图 5-14　箍筋的绑扎

（5）所有钢筋摆放完成后开始绑扎，边缘处满扎，中间部分采用梅花点状的方式跳扎，绑扎时确保钢筋间距正确不移位，箍筋笼与横向钢筋交叉点需满扎，如图 5-15 所示。

（6）按照图纸要求的间距，将上层钢筋网绑扎固定在箍筋笼上后，采用梅花点状的方式跳扎将上层钢筋网绑扎牢固。

（7）按照图纸要求的位置，将上下钢筋网用拉筋连接并绑扎牢固。

图 5-15　钢筋绑扎

（8）将车好丝的套筒钢筋与灌浆套筒连接后，安装固定在模具上。

（9）裁剪适当长度的金属波纹管，用扎丝绑扎在灌浆套筒上，根据图纸标注的进出浆

图 5-16　螺纹盲孔

口,在阳角时将波纹管管口封堵好后直接整齐伸出,在阴角时需安装磁性底盘,并整齐地吸附在模具表面。

（10）若采用螺纹盲孔,直接将螺纹盲孔固定在模具上且进出浆口安装上相应规格的螺栓暂时封堵即可,待浇筑完成后,混凝土达到初凝状态将其取出,如图 5-16 所示。

（11）所有钢筋绑扎完成后,质检人员进行隐蔽工程的验收,并填写相应表单。

3. 技术要求

（1）摆放钢筋及绑扎钢筋时操作者应在两端作业,需保持台面整洁,不能直接踩踏已喷过脱模剂的模板桌上,禁止存在脚印或者其他杂物。

（2）构件连接埋件、开口部位、特别要求配置加强筋的部位,根据图纸要求配制加强筋。加强筋要按要求两处以上部位绑扎固定。

（3）横向钢筋、纵向钢筋的摆放要严格按照图纸间距尺寸摆放。

（4）若钢筋网片钢筋与预埋件相互干涉,则将钢筋折弯避开预埋件,如图 5-17 所示。

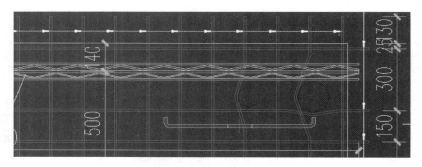

图 5-17　干涉处理

（5）若箍筋笼与预埋件相互干涉,需与技术人员确认是否可移动预埋件位置。

（6）与预埋件相互干涉的钢筋、箍筋一律不得剪断。

（7）拉筋绑扎必须有实质性的效果,保证上层钢筋网不出现下沉的现象。

（8）钢筋网片绑扎时上部钢筋网的交叉点应满扎,底部钢筋网四周满扎,中间部分采用梅花点状绑扎,如图 5-18 所示。

（9）绑扎箍筋笼时,梁钢筋骨架中各垂直面钢筋网交叉点应全部扎牢,且相邻绑扎点应呈八字形,如图 5-19 所示。

（10）套筒钢筋与灌浆套筒必须连接牢固,不得有松动的情况。若套筒钢筋与灌浆套筒连接不上或无法完全连接,需对套筒钢筋重新车丝。

（11）金属波纹管绑扎好后需检查是否绑扎牢固,避免从套筒上脱落。

（12）阳角伸出的金属波纹管需绑扎整齐,进浆口与出浆口需区分开。

（13）阴角金属波纹管的磁性底盘需排列整齐,进浆口与出浆口需区分开。

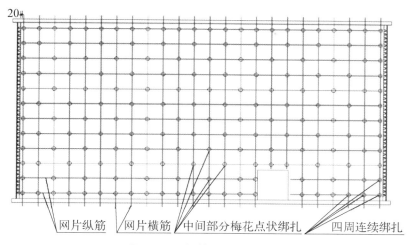

图 5 - 18　钢筋网片绑扎要求

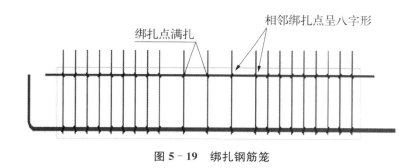

图 5 - 19　绑扎钢筋笼

（14）绑扎丝材质应按照制作要领要求，且扎丝不宜过长，根据钢筋规格选用不同规格长度的扎丝。

（15）绑扎丝末梢应向内侧弯折，以免影响保护层厚度，造成构件表面锈蚀。

（16）钢筋骨架绑扎完成后质检人员按图纸进行隐蔽工程验收，验收合格后方可进行浇筑。

5.2.6　保温板的铺放

1. 前期准备

（1）作业人员：1～2 人。

（2）作业工具：锤子。

（3）作业耗材：指定厚度保温板、保温连接件。

2. 操作步骤

（1）预先将保温板裁剪成所需要的尺寸，如图 5 - 20 所示。

（2）外叶墙混凝土浇筑完成后，按图纸要求，将需铺保温板的部分有序地铺放上保温板，同时轻压一下，如图 5 - 21 所示。

图 5 - 20　裁剪保温板　　　　　　　图 5 - 21　铺设保温板

（3）根据图纸中保温连接件的定位尺寸,用手将保温连接件插入并顺时针拧一圈,用锤子轻敲,使得保温连接件插入规定的深度,如图 5 - 22 所示。

（4）在保温板上插入适当数量的拉结筋。保温板铺放完成后需对无保温板的部分进行补边处理,如图 5 - 23 所示。

图 5 - 22　插入保温板连接件　　　　图 5 - 23　补边处理

3. 技术要求

（1）铺放保温板前需检查外叶墙混凝土表面是否摊平,保温板铺放后要确保与混凝土黏合不上翘。

（2）保温连接件的定位尺寸、数量要按照图纸要求,特别是数量不可少放。

（3）注意检查保温连接件是否有松动易拔出的现象。

5.2.7　预埋窗框

1. 前期准备

（1）作业人员：2～3 人。

（2）作业工具：锤子。

（3）作业耗材：铝合金窗框。

2. 操作步骤

（1）外叶墙浇筑完成后,将铝合金窗框放置于事先调整好窗框下层模具上,并调整好位置。

（2）安装好窗框上层模具并再次检查窗框位置后,将上下窗框模具固定牢固并再次检查窗框位置是否正确,如图 5 - 24 所示。

3. 技术要求

（1）每完成一道工序后都需要检查窗框位置尺寸是否正确。

（2）安装窗框时需分清方向,上下左右不可装反。

（3）安装窗框时注意窗框不得歪斜。

5. 2. 8   混凝土浇筑与振捣

图 5 - 24   检查窗框

1. 前期准备

（1）作业人员：2～3 人。

（2）作业工具：铁锹、抹灰刀、振动棒、钢丝刷。

（3）作业耗材：混凝土。

2. 操作步骤

（1）外叶墙的操作：① 浇筑人员确认隐蔽工程质检单有质检员签字确认后,将所需方量报给搅拌站工作人员；② 混凝土送入布料机后作业人员操作布料机开始浇筑或者人工料斗放料,如图 5 - 25 所示；③ 浇筑完成后作业人员用铁锹或抹灰刀对分布不均的混凝土进行摊平,如图 5 - 26 所示；④ 完成放料后开启振动平台开始振捣；⑤ 检查是否有缺料或者多料并及时处理,同时检查预埋是否发生移位等不正常现象。

图 5 - 25   混凝土浇筑

图 5 - 26   混凝土摊平

（2）内叶墙的操作：① 浇筑人员确认隐蔽工程质检单有质检员签字确认后,将所需方量报给搅拌站工作人员；② 混凝土送入布料机后作业人员操作布料机开始浇筑或者人工料斗放料,如图 5 - 27 所示；③ 浇筑完成后,作业人员用铁锹或抹灰刀对分布不均的混凝土进行摊平；④ 完成放料后,用振动棒开始人工振捣,如图 5 - 28 所示；⑤ 检查是否有缺料或者多料并及时处理,同时检查预埋是否发生移位等不正常现象。

图 5-27　混凝土浇筑　　　　　　　　图 5-28　混凝土振捣

3. 技术要求

(1) 混凝土厚度需控制好,需达到图纸要求标准的±3 mm。

(2) 振捣时需留意隐蔽预埋件、波纹管的位置,在其周边充分振捣即可。

(3) 振捣完成后,检查预埋件是否发生位移、上浮等异常情况,若有需及时处理。

(4) 浇筑时若发现混凝土有异常,及时联系实验员并给出解决方案。

5.2.9　预制件收光工位

1. 前期准备

(1) 作业人数:1人。

(2) 作业工具:抹灰刀、抹平工具。

2. 操作步骤

(1) 浇筑完成后,用相应的工具将构件从一侧到另一侧开始抹平,如图 5-29 所示。

(2) 完成抹平后,将构件放于缓冲工位进行静养,如图 5-30 所示。

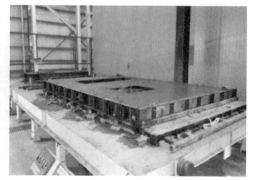

图 5-29　混凝土抹平　　　　　　　　图 5-30　混凝土静养

(3) 观察构件达到初凝状态后,用抹灰刀一次收光,如图 5-31 所示。

(4) 再次静养适当的时间后,开始进行二次收光并静养,如图 5-32 所示。

3. 技术要求

(1) 一次收光和二次收光的时间间隔需把控好,不得错过最佳收光时间。

图 5-31   混凝土一次收光　　　　图 5-32   混凝土二次静养

（2）收光时，必须保证收光面平整度在要求范围内。

5.2.10   翻板起吊

1. 前期准备

（1）作业人数：3～4 人。

（2）作业工具：翻板机、行车、吊链、锤子、电动扳手。

2. 操作步骤

（1）完成养护的叠合墙板从养护窑出来后，用锤子等工具将构件水电槽中的泡沫清理掉，或将雨棚钢筋清理出来。

（2）用电动扳手将螺丝拧开后将模具脱模，如模具无法自然松动，用锤子轻敲至模具脱落，如图 5-33 所示。

（3）相关人员对构件进行成品的检查，如有问题及时向相关人员反映情况及时解决问题。

图 5-33   模具脱模

（4）将模台移动到翻板机工位，将吊链上的钩子挂于墙板上的吊钩上，操作翻板机开始翻板，同时行车必须同时移动，直到叠合墙板脱出。

（5）将夹心墙板放于临时堆放区等待转运。

3. 技术要求

（1）使用锤子清理泡沫或清理雨棚钢筋时，不得用力过猛导致构件破损。

（2）构件翻板及起吊上升过程中，作业人员需保持一定距离，避免受伤。

（3）在翻板过程中，需有专人操作行车与翻板机同时运行，避免脱出的叠合墙板由于受力方向不同导致在空中晃动而发生不必要的碰撞。

（4）如发现构件脱模后有质量问题，需及时联系相关人员处理。

5.3 预制件检测标准

5.3.1 模具组装

模具应安装牢固、尺寸准确、拼缝严密、不漏浆,精度必须符合设计要求,泡沫边模在拼装完后需保证不变形,并应符合表 5-1 的规定,并应经全数验收合格后再投入使用。

表 5-1 模具尺寸的允许偏差和检验方法

测 定 部 位		允许偏差/mm	检 验 方 法
边长	≤6 m	-2,1	用钢尺量平行构件高度方向,取其中偏差绝对值较大处
	>6 m 且≤12 m	-4,2	
	>12 m	-5,3	
板厚	墙板	-2,1	用钢尺测量两端或中部,取其中偏差绝对值较大处
	其他构件	-4,2	
翘曲		$L/1\,500$	对角拉线测量交点间距离值的两倍
底模表面平整度		2	用 2 m 靠尺和塞尺检查
侧向弯曲		$L/1\,500$ 且≤5	拉线,用钢尺量测侧向弯曲最大处
预埋件位置(中心线)		±2	用钢尺量
对角线差		3	用钢尺量纵、横两个方向对角线
侧向扭度	$H≤300,1.0$		两角用细线固定,钢尺测中心点高度
	$H>300,2.0$		两角用细线固定,钢尺测中心点高度
组装缝隙		1	用塞片或塞尺量
端模与侧模高低差		1	用钢尺量

5.3.2 预埋件及预留孔洞

预埋件、预留孔和预留洞的尺寸应全数检查,允许偏差应符合表 5-2 的规定。

表 5-2 预埋件和预留孔洞的允许偏差和检验方法

项 目		允许偏差/mm	检 验 方 法
预埋钢板	中心线位置	3	钢尺检查
	安装平整度	±2	靠尺和塞尺检查
预埋管、预留孔中心线位置		3	钢尺检查

（续表）

项　目		允许偏差/mm	检　验　方　法
插筋	中心线位置	3	钢尺检查
	外露长度	0.5	钢尺检查
预埋吊环	中心线位置	3	钢尺检查
	外露长度	0.8	钢尺检查
预留洞	中心线位置	3	钢尺检查
	尺寸	±3	钢尺检查
预埋螺栓	螺栓位置	2	钢尺检查
	螺栓外露长度	±2	钢尺检查
灌浆套筒	中心线位置	1	钢尺检查
	平整度	±1	钢尺检查

5.3.3　钢筋摆放

钢筋网和钢筋成品（骨架）安装位置需全数检查，其位置偏差应符合表 5-3 的规定。

表 5-3　钢筋网和钢筋成品（骨架）尺寸允许偏差和检验方法

项　目			允许偏差/mm	检　验　方　法
钢筋网	长、宽		±5	钢尺检查
	网眼尺寸		±5	钢尺量连续三挡，取最大值
钢筋骨架	长		±5	钢尺检查
	宽、高		±5	钢尺检查
受力钢筋	间距		±5	钢尺量两端、中间各一点，
	排距		±5	取最大值
	保护层	柱、梁	±5	钢尺检查
		板、墙	±3	钢尺检查
钢筋、横向钢筋间距			±5	钢尺量连续三挡，取最大值
钢筋弯起点位置			15	钢尺检查

5.3.4　隐蔽工程验收

混凝土浇筑前质检人员需对构件进行隐蔽工程的验收，隐蔽工程的验收需符合有关标准规定和设计文件要求。三明治夹心墙的隐蔽工程检查项目应包括以下内容：

（1）模具（包括泡沫边模）各部位尺寸、定位、固定和拼缝等。

（2）横向钢筋、纵向钢筋、格构钢筋、箍筋的品种、规格、数量、位置等。

（3）预埋件的规格、数量、位置固定等。

（4）钢筋的混凝土保护层厚度。

5.3.5　预制件成品验收

1. 主控项目

（1）构件上的预埋件、插筋和预留孔洞的规格、位置和数量应符合标准图或设计的要求。检查数量：全数检查；检查方法：对照设计图纸进行观察、量测。

（2）预制构件的外观质量不应有严重缺陷。对已经出现的严重缺陷应经原设计单位认可，并按技术处理方案进行处理，重新检查验收。检查数量：全数检查；检查方法：观察、检查技术处理方案。

（3）预制构件的外观质量不宜有一般缺陷，构件的外观质量应根据表5-5确定。对已经出现的一般缺陷，应按技术处理方案进行处理，并重新检查验收。检查数量：全数检查；检验方法：观察，检查技术处理方案。

（4）预制构件不应有影响结构性能和安装、使用功能的尺寸偏差。对超过尺寸允许偏差且影响结构性能和安装、使用功能的部位应经原设计单位认可，按技术处理方案进行处理，并重新检查验收。检查数量：全数检查；检查方法：量测、检查技术处理方案。

2. 一般项目

（1）预制构件的尺寸偏差及预留孔、预留洞、预埋件、预留插筋、键槽的位置偏差应符合表5-4的规定。检查数量：同一规格（品种）、同一个工作班为一检验批，每检验批抽检不应少于30%，且不少于5件；检查方法：钢尺、拉线、靠尺、塞尺检查。

表5-4　预制构件尺寸允许偏差及检查方法

项　　目		允许偏差/mm	检查方法
长度	板、梁、柱、桁架 ＜12 m	±5	尺量检查
	≥2 m且＜18 m	±10	
	≥18 m	±20	
宽度、高(厚)度	板、梁、柱、桁架截面尺寸	±5	钢尺量一端及中部，取其中偏差绝对值较大处
表面平整度	板、梁、柱、墙板内表面	5	2 m靠尺和塞尺检查
	墙板外表面	3	
侧向弯曲	板、梁、柱	L/750且≤20	拉线、钢尺量最大侧向弯曲处
	墙板、桁架	L/1 000且≤20	
翘曲	板	L/750	调平尺在两端量测
	墙板	L/1 000	

（续表）

项　　目		允许偏差/mm	检查方法
对角线差	板	10	钢尺量两个对角线
	墙板、门窗口	5	
挠度变形	梁、板、桁架设计起拱	±10	拉线、钢尺量最大侧向弯曲处
	梁、板、桁架下垂	0	
预留孔	中心线位置	5	尺量检查
	孔尺寸	±5	
预留洞	中心线位置	10	尺量检查
	洞口尺寸、深度	±10	
门窗口	中心线位置	5	尺量检查
	宽度、高度	±3	
预埋件	预埋件锚板中心线位置	5	尺量检查
	预埋件锚板与混凝土面平面高差	−3,0	
	预埋螺栓中心线位置	2	
	预埋螺栓外露长度	±5	
	预埋套筒、螺母中心线位置	2	
	预埋套筒、螺母与混凝土面平面高差	−5,0	
	线管、电盒、木砖、吊环在构件平面的中心线位置偏差	20	
	线管、电盒、木砖、吊环与构件表面混凝土高差	−10,0	
预留插筋	中心线位置	3	尺量检查
	外露长度	0,5	
键槽	中心线位置	5	尺量检查
	长度、宽度、深度	±5	

注：L 为构件长边的长度。

　　（2）预制构件的收光面、粗糙面的质量应符合设计要求。检查数量：全数检查；检查方法：观察。

　　3. 预制构件外观缺陷

　　预制构件外观质量应根据缺陷类型和缺陷程度进行分类，并应符合表5-5的分类规定。

表 5－5　预制构件外观质量缺陷

名称	现　象	严　重　缺　陷	一　般　缺　陷
露筋	构件内钢筋未被混凝土包裹而外露	主筋有露筋	其他钢筋有少量露筋
蜂窝	混凝土表面缺少水泥砂浆面形成石子外露	主筋部位和搁置点位置有蜂窝	其他部位有少量蜂窝
孔洞	混凝土中孔穴深度和长度均超过保护层厚度	构件主要受力部位有孔洞	不应有孔洞
夹渣	混凝土中夹有杂物且深度超过保护层厚度	构件主要受力部位有夹渣	其他部位有少量夹渣
疏松	混凝土中局部不密实	构件主要受力部位有疏松	其他部位有少量疏松
裂缝	缝隙从混凝土表面延伸至混凝土内部	构件主要受力部位有影响结构性能或使用功能的裂缝	其他部位有少量不影响结构性能或使用功能的裂缝
裂纹	构件表面的裂纹或者龟裂现象	预应力构件受拉侧有影响结构性能或使用功能的裂纹	非预应力构件有表面的裂纹或者龟裂现象
连接部位缺陷	构件连接处混凝土缺陷及连接钢筋、连接件松动、灌浆套筒未保护	连接部位有影响结构传力性能的缺陷	连接部位有基本不影响结构传力性能的缺陷
外形缺陷	内表面缺棱掉角、棱角不直、翘曲不平等；外表面面砖黏结不牢、位置偏差、面砖嵌缝没有达到横平竖直、面砖表面翘曲不平	清水混凝土构件有影响使用功能或装饰效果的外形缺陷	其他混凝土构件有不影响使用功能的外形缺陷
外表缺陷	构件内表面麻面、掉皮、起砂、沾污等；外表面面砖污染、预埋门窗破坏	具有重要装饰效果的清水混凝土构件、门窗框有外表缺陷	其他混凝土构件有不影响使用功能的外表缺陷，门窗框不宜有外表缺陷

4. 成品合格标准

（1）主控项目全部合格。

（2）一般项目应经检验合格且不应有影响结构安全、安装施工和使用要求的缺陷。

（3）一般项目中允许偏差项目的合格率大于等于 80％，允许偏差不得超过最大限值的 1.5 倍，且没有出现影响结构安全、安装施工和使用要求的缺陷。

第**6**章

套筒剪力墙生产工艺与技术要求

6.1 套筒剪力墙生产工艺流程

套筒剪力墙的生产工艺流程如图6-1所示。

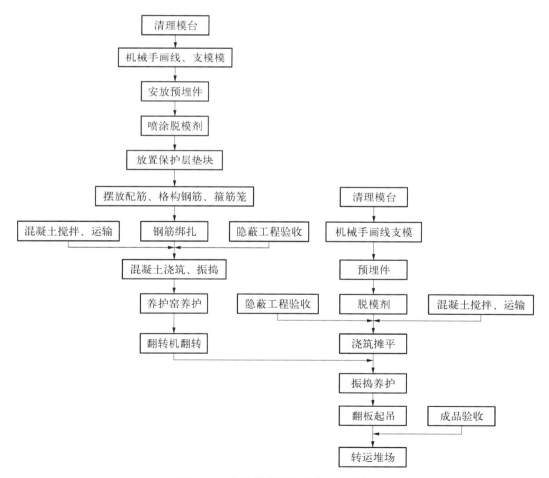

图6-1 套筒剪力墙的生产工艺流程

6.2 操作步骤与技术要求

6.2.1 清理模台

1. 前期准备

（1）作业人数：1～2人。

（2）作业工具：铲刀、砂纸、抹布、扫把、打磨机。

（3）作业耗材：脱模剂。

2. 操作步骤

（1）将模板起吊至指定位置，并整齐地摆放。

（2）人工手持铲刀将大块混凝土、热熔胶残渣等杂物清除。

（3）人工手持铲刀将桌面残留的固态杂物清理干净。

（4）手持扫把、抹布将模台面残余的灰尘清扫、擦拭干净。

（5）用砂纸或打磨机将模台面有锈迹的区域打磨清理，保证构件表面光泽无异物。

3. 技术要求

（1）模板桌必须无混凝土残渣、热熔胶残渣、锈迹等杂物。

（2）不得将模具乱扔，避免再次使用时缺少零件。

6.2.2 模具组装

1. 前期准备

（1）作业人数：1～2人。

（2）作业工具：电动扳手、锤子、卷尺、规格线盒。

（3）作业耗材：脱模剂。

2. 操作步骤

（1）根据模具组装图纸要求，将各部分零件吊装至工作台拼装，用螺母固定，如图6-2所示。

（2）拼装完成后用卷尺检查主要尺寸，并微调有偏差的尺寸，如图6-3所示。

图6-2　模具组装　　　　　　图6-3　微调尺寸

（3）将拼好的模具边沿处用磁盒固定，并在此检查主要尺寸。

3. 技术要求

（1）磁性边模内侧要保证清洁无杂物。

（2）固定完成后检查磁盒按钮是否都按压下去，边模不得有松动的情况出现。

（3）边模放完后需检查长、宽、对角线长度，保证与图纸尺寸一致。

（4）模板桌上残留的泡沫颗粒需用气枪、抹布及时清理。

6.2.3　安放预埋件

1. 前期准备

（1）作业人数：1 人。

（2）作业工具：卷尺、铅笔、美工刀。

（3）作业耗材：各规格线盒、PVC 线管、安装螺母等。

2. 操作步骤

（1）根据图纸标注尺寸，画出预埋件位置尺寸，完成后对照图纸检查位置尺寸是否一致，如图 6-4 所示。

（2）对线盒、PVC 管、安装螺母预加工，线盒管口处需安装锁母，PVC 管长度按图纸要求下料，安装螺母需要安装底盘，如图 6-5 所示。

图 6-4　检查位置尺寸

图 6-5　安装螺母

（3）将热熔胶加热融化，均匀涂抹在线盒、安装螺母底部，按照画线标记摆放，同时将 PVC 管与线盒安装，如图 6-6 所示。

3. 技术要求

（1）严格按照图纸标准尺寸进行预埋件的安放。

（2）使用热熔胶时，不得将胶滴在模台面上，如不小心滴在模板桌面上，请及时清理干净。

图 6-6　抹胶处理

(3)水电槽处PVC管需伸出2~3 cm,即实际下料长度要适当大于图纸要求。

(4)安放时确保埋件紧固无松动。

(5)考虑到钢筋绑扎与安装PVC管相互干涉的困难,可以在完成钢筋绑扎后安放PVC管。

6.2.4 喷涂脱模剂

1.前期准备

(1)作业人数:1人。

(2)作业工具:压力壶、拖把、抹布。

(3)作业耗材:油性脱模剂。

2.操作步骤

(1)使用压力壶均匀的喷洒脱模剂,适量即可,如图6-7所示。

(2)用拖把将模台面上的脱模剂涂抹均匀,并用抹布将四周边模的内侧也涂抹上脱模剂。

图6-7 喷洒脱模剂

3.技术要求

(1)喷洒脱模剂时,确保台面无锈迹及其他杂物。

(2)喷洒的脱模剂必须适量,不得出现"油坑"或者空白漏喷区域。

(3)禁止将脱模剂喷洒在预埋件上。

(4)操作喷洒时,禁止抽烟或者携带明火,注意消防安全。

(5)脱模剂是化学工业用品,切勿进入口、鼻、眼或长时间接触浸泡皮肤。

6.2.5 钢筋布放与绑扎

1.前期准备

(1)作业人数:2~3人。

(2)作业工具:扎钩、石笔、卷尺。

(3)作业耗材:350 mm扎丝、长条塑料垫块。

2.操作步骤

(1)根据不同面积放置适当数量的保护层垫块,每根塑料垫块长度1 m,按间距50 cm均布。

(2)按照图纸的要求摆放间距、外伸长度等,将长向钢筋均匀摆放在保护层上,如图6-8所示。

(3)按照图纸要求的间距,将箍筋在指定区域绑扎整齐后入模或直接绑扎,如图6-9所示。

图6-8　放置长向钢筋

图6-9　放置箍筋

（4）所有钢筋摆放完成后开始绑扎，边缘处满扎，中间部分采用梅花点状的方式跳扎，绑扎时确保钢筋间距正确不移位，箍筋笼与横向钢筋交叉点需满扎。

（5）按照图纸要求的间距，将上层钢筋网绑扎固定在箍筋笼上后，采用梅花点状的方式跳扎将上层钢筋网绑扎牢固。

（6）按照图纸要求的位置，将上下钢筋网用拉筋连接并绑扎牢固。

（7）将车好丝的套筒钢筋与灌浆套筒连接后，安装固定在模具上，如图6-10所示。

（8）裁剪适当长度的金属波纹管，用扎丝绑扎在灌浆套筒上，根据图纸标注的进出浆口，在阳角时将波纹管管口封堵好后直接整齐伸出，在阴角时需安装磁性底盘，并整齐地吸附在模具表面，如图6-11所示。

图6-10　安装连接好的套筒钢筋与灌浆套筒

图6-11　安装金属波纹管

（9）所有钢筋绑扎完成后，质检人员进行隐蔽工程的验收，并填写相应表单。

3. 技术要求

（1）摆放钢筋及绑扎钢筋时操作者应在两端作业，需保持台面整洁，不能直接踩踏已喷过脱模剂的模板桌上，禁止存在脚印或者其他杂物。

（2）构件连接埋件、开口部位、特别要求配置加强筋的部位，根据图纸要求配制加强筋。加强筋要按要求两处以上部位绑扎固定。

（3）横向钢筋、纵向钢筋的摆放要严格按照图纸间距尺寸摆放。

（4）若钢筋网片钢筋与预埋件相互干涉，则将钢筋折弯避开预埋件，如图6-12所示。

（5）若箍筋笼与预埋件相互干涉，需与技术人员确认是否可移动预埋件位置。

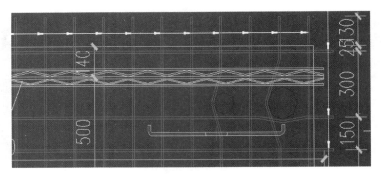

图 6‑12　干涉处理

（6）与预埋件相互干涉的钢筋、箍筋一律不得剪断。

（7）拉筋绑扎必须有实质性的效果,保证上层钢筋网不出现下沉的现象。

（8）钢筋网片绑扎时上部钢筋网的交叉点应满扎,底部钢筋网四周满扎,中间部分采用梅花点状绑扎,如图 6‑13 所示。

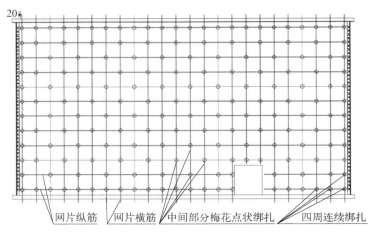

图 6‑13　钢筋网片绑扎要求

（9）绑扎箍筋笼时,梁钢筋骨架中各垂直面钢筋网交叉点应全部扎牢,且相邻绑扎点应呈八字形,如图 6‑14 所示。

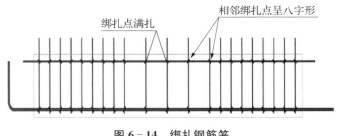

图 6‑14　绑扎钢筋笼

（10）钢筋网有需搭接的钢筋时,搭接长度不小于 1 个网格,且搭接区域交叉点应满扎,如图 6‑15 所示。

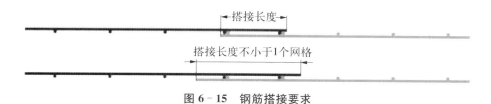

图 6‑15　钢筋搭接要求

（11）套筒钢筋与灌浆套筒必须连接牢固，不得有松动的情况。若套筒钢筋与灌浆套筒连接不上或无法完全连接，需对套筒钢筋重新车丝。

（12）金属波纹管绑扎好后需检查是否绑扎牢固，避免从套筒上脱落。

（13）阳角伸出的金属波纹管需绑扎整齐，进浆口与出浆口需区分开。

（14）阴角金属波纹管的磁性底盘需排列整齐，进浆口与出浆口需区分开。

（15）绑扎丝材质应按照制作要领要求，且扎丝不宜过长，根据钢筋规格选用不同规格长度的扎丝。

（16）绑扎丝末梢应向内侧弯折，以免影响保护层厚度，造成构件表面锈蚀。

（17）钢筋骨架绑扎完成后，质检人员按图纸进行隐蔽工程验收，验收合格后方可进行浇筑。

6.2.6　混凝土浇筑与振捣

1. 前期准备

（1）作业人员：2～3 人。

（2）作业工具：铁锹、抹灰刀、振动棒。

（3）作业耗材：混凝土。

2. 操作步骤

（1）浇筑人员确认隐蔽工程质检单有质检员签字确认后，将所需方量报给搅拌站工作人员。

（2）混凝土送入布料机后，作业人员操作布料机开始浇筑或者人工料斗放料，如图 6‑16 所示。

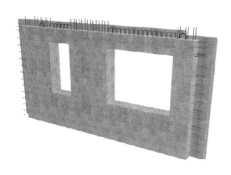

图 6‑16　布料机浇筑混凝土

图 6-17　混凝土振捣

（3）浇筑完成后作业人员用铁锹对分布不均的混凝土进行摊平。

（4）完成放料后人工手持振动棒开始振捣，如图 6-17 所示。

（5）检查是否有缺料或者多料，并且及时处理，同时检查预埋是否发生移位等不正常现象。

3. 技术要求

（1）混凝土厚度需控制好，需达到图纸要求标准的±3 mm。

（2）振捣时需留意隐蔽预埋件、波纹管的位置，在其周边振捣即可。

（3）振捣完成后，检查预埋件是否发生位移、上浮等异常情况，若有需及时处理。

（4）浇筑时若发现混凝土有异常，及时联系实验员并给出解决方案。

6.2.7　收光工位

1. 前期准备

（1）作业人数：1 人。

（2）作业工具：抹灰刀、抹平工具。

2. 操作步骤

（1）浇筑完成后用相应的工具将构件从一侧到另一侧开始抹平，如图 6-18 所示。

（2）完成抹平后将构件放于缓冲工位进行静养。

（3）观察构件达到初凝状态后，用抹灰刀一次收光。

图 6-18　混凝土抹平

（4）再次静养适当的时间后开始进行二次收光直到达到要求。

3. 技术要求

（1）一次收光和二次收光的时间间隔需把控好，不得错过最佳收光时间。

（2）收光时必须保证收光面平整度在要求范围内。

6.2.8　翻板起吊

1. 前期准备

（1）作业人数：3～4 人。

（2）作业工具：翻板机、行车、吊链、锤子。

2. 操作步骤

（1）完成养护的叠合墙板从养护窑出来后，用锤子等工具将构件水电槽中的泡沫清理掉。

（2）相关人员对构件进行成品的检查，如有问题及时向相关人员反映情况及时解决问题。

（3）将模台移动到翻板机工位，将吊链上的钩子挂于墙板上的吊钩上，操作翻板机开始翻板，同时行车必须同时移动，直到叠合墙板脱出。

（4）如有粗糙面需用高压水枪冲洗出粗糙面。

（5）将叠合墙板放于临时堆放区等待转运。

3. 技术要求

（1）使用锤子清理泡沫时，不得用力过猛导致构件破损。

（2）构件翻板及起吊上升过程中，作业人员需保持一定距离，避免受伤。

（3）在翻板过程中，需有专人操作行车与翻板机同时运行，避免脱出的叠合墙板由于受力方向不同导致在空中晃动而发生不必要的碰撞。

6.3　检　测　标　准

6.3.1　模具组装

模具应安装牢固、尺寸准确、拼缝严密、不漏浆，精度必须符合设计要求，泡沫边模在拼装完后需保证不变形，并应符合表 6-1 的规定，并应经全数验收合格后再投入使用。

表 6-1　模具尺寸的允许偏差和检验方法

定　部　位		允许偏差/mm	检　验　方　法
边长	≤6 m	−2,1	用钢尺量平行构件高度方向，取其中偏差绝对值较大处
	>6 m 且≤12 m	−4,2	
	>12 m	−5,3	
板厚	墙板	−2,1	用钢尺测量两端或中部，取其中偏差绝对值较大处
	其他构件	−4,2	
翘曲		L/1 500	对角拉线测量交点间距离值的两倍
底模表面平整度		2	用 2 m 靠尺和塞尺检查
侧向弯曲		L/1 500 且≤5	拉线，用钢尺量侧向弯曲最大处
预埋件位置（中心线）		±2	用钢尺量
对角线差		3	用钢尺量纵、横两个方向对角线
侧向扭度		H≤300,1.0	两角用细线固定，钢尺测中心点高度
		H>300,2.0	两角用细线固定，钢尺测中心点高度
组装缝隙		1	用塞片或塞尺量
端模与侧模高低差		1	用钢尺量

6.3.2　预埋件及预留孔洞

预埋件、预留孔和预留洞的尺寸应全数检查,允许偏差应符合表6-2的规定。

表6-2　预埋件和预留孔洞的允许偏差和检验方法

项　目		允许偏差/mm	检 验 方 法
预埋钢板	中心线位置	3	钢尺检查
	安装平整度	±2	靠尺和塞尺检查
预埋管、预留孔中心线位置		3	钢尺检查
插筋	中心线位置	3	钢尺检查
	外露长度	0,5	钢尺检查
预埋吊环	中心线位置	3	钢尺检查
	外露长度	0,8	钢尺检查
预留洞	中心线位置	3	钢尺检查
	尺寸	±3	
预埋螺栓	螺栓位置	2	钢尺检查
	螺栓外露长度	±2	钢尺检查
灌浆套筒	中心线位置	1	钢尺检查
	平整度	±1	钢尺检查

6.3.3　钢筋摆放

钢筋网和钢筋成品(骨架)安装位置需全数检查,其位置偏差应符合表6-3的规定。

表6-3　钢筋网和钢筋成品(骨架)尺寸允许偏差和检验方法

项　目			允许偏差/mm	检 验 方 法
钢筋网	长、宽		±5	钢尺检查
	网眼尺寸		±5	钢尺量连续三挡,取最大值
钢筋骨架	长		±5	钢尺检查
	宽、高		±5	钢尺检查
受力钢筋	间距		±5	钢尺量两端、中间各一点,取最大值
	排距		±5	
	保护层	柱、梁	±5	钢尺检查
		板、墙	±3	钢尺检查
钢筋、横向钢筋间距			±5	钢尺量连续三挡,取最大值
钢筋弯起点位置			15	钢尺检查

6.3.4　隐蔽工程验收

混凝土浇筑前质检人员需对构件进行隐蔽工程的验收,隐蔽工程的验收需符合有关标准规定和设计文件要求。套筒剪力墙的隐蔽工程检查项目应包括以下内容:

(1)模具(包括泡沫边模)各部位尺寸、定位、固定和拼缝等。

(2)横向钢筋、纵向钢筋、格构钢筋、箍筋的品种、规格、数量、位置等。

(3)预埋件的规格、数量、位置固定等。

(4)钢筋的混凝土保护层厚度。

6.3.5　预制件成品验收

1. 主控项目

(1)构件上的预埋件、插筋和预留孔洞的规格、位置和数量应符合标准图或设计的要求。检查数量:全数检查;检查方法:对照设计图纸进行观察、量测。

(2)预制构件的外观质量不应有严重缺陷。对已经出现的严重缺陷应经原设计单位认可,并按技术处理方案进行处理,重新检查验收。检查数量:全数检查;检查方法:观察、检查技术处理方案。

(3)预制构件的外观质量不宜有一般缺陷,构件的外观质量应根据表6-5确定。对已经出现的一般缺陷,应按技术处理方案进行处理,并重新检查验收。检查数量:全数检查;检验方法:观察,检查技术处理方案。

(4)预制构件不应有影响结构性能和安装、使用功能的尺寸偏差。允许偏差参考表6-4。对超过尺寸允许偏差且影响结构性能和安装、使用功能的部位应经原设计单位认可,按技术处理方案进行处理,并重新检查验收。检查数量:全数检查;检查方法:量测、检查技术处理方案。

2. 一般项目

(1)预制构件的尺寸偏差及预留孔、预留洞、预埋件、预留插筋、键槽的位置偏差应符合表6-4的规定。检查数量:同一规格(品种)、同一个工作班为一检验批,每检验批抽检不应少于30%,且不少于5件;检查方法:钢尺、拉线、靠尺、塞尺检查。

表6-4　预制构件尺寸允许偏差及检查方法

项	目		允许偏差/mm	检 查 方 法
长　度	板、梁、柱、桁架	<12 m	±5	尺量检查
		≥12 m 且<18 m	±10	
		≥18 m	±20	
宽度、高(厚)度	板、梁、柱、桁架截面尺寸		±5	钢尺量一端及中部,取其中偏差绝对值较大处

（续表）

项　　目		允许偏差/mm	检　查　方　法
表面平整度	板、梁、柱、墙板内表面	5	2 m 靠尺和塞尺检查
	墙板外表面	3	
侧向弯曲	板、梁、柱	$L/750$ 且≤20	拉线、钢尺量最大侧向弯曲处
	墙板、桁架	$L/1\,000$ 且≤20	
翘　曲	板	$L/750$	调平尺在两端量测
	墙板	$L/1\,000$	
对角线差	板	10	钢尺量两个对角线
	墙板、门窗口	5	
挠度变形	梁、板、桁架设计起拱	±10	拉线、钢尺量最大侧向弯曲处
	梁、板、桁架下垂	0	
预留孔	中心线位置	5	尺量检查
	孔尺寸	±5	
预留洞	中心线位置	10	尺量检查
	洞口尺寸、深度	±10	
门窗口	中心线位置	5	尺量检查
	宽度、高度	±3	
预埋件	预埋件锚板中心线位置	5	尺量检查
	预埋件锚板与混凝土面平面高差	−3,0	
	预埋螺栓中心线位置	2	
	预埋螺栓外露长度	±5	
	预埋套筒、螺母中心线位置	2	
	预埋套筒、螺母与混凝土面平面高差	−5,0	
	线管、电盒、木砖、吊环在构件平面的中心线位置偏差	20	
预留插筋	线管、电盒、木砖、吊环与构件表面混凝土高差	−10,0	尺量检查
	中心线位置	3	
键　槽	外露长度	0,5	尺量检查
	中心线位置	5	

注：L 为构件长边的长度。

（2）预制构件的收光面、粗糙面的质量应符合设计要求。检查数量：全数检查；检查方法：观察。

3.预制构件外观缺陷

预制构件外观质量应根据缺陷类型和缺陷程度进行分类，并应符合表6-5的分类规定。

表6-5　预制构件外观质量缺陷

名称	现　　象	严　重　缺　陷	一　般　缺　陷
露筋	构件内钢筋未被混凝土包裹而外露	主筋有露筋	其他钢筋有少量露筋
蜂窝	混凝土表面缺少水泥砂浆面形成石子外露	主筋部位和搁置点位置有蜂窝	其他部位有少量蜂窝
孔洞	混凝土中孔穴深度和长度均超过保护层厚度	构件主要受力部位有孔洞	不应有孔洞
夹渣	混凝土中夹有杂物且深度超过保护层厚度	构件主要受力部位有夹渣	其他部位有少量夹渣
疏松	混凝土中局部不密实	构件主要受力部位有疏松	其他部位有少量疏松
裂缝	缝隙从混凝土表面延伸至混凝土内部	构件主要受力部位有影响结构性能或使用功能的裂缝	其他部位有少量不影响结构性能或使用功能的裂缝
裂纹	构件表面的裂纹或者龟裂现象	预应力构件受拉侧有影响结构性能或使用功能的裂纹	非预应力构件有表面的裂纹或者龟裂现象
连接部位缺陷	构件连接处混凝土缺陷及连接钢筋、连接件松动、灌浆套筒未保护	连接部位有影响结构传力性能的缺陷	连接部位有基本不影响结构传力性能的缺陷
外形缺陷	内表面缺棱掉角、棱角不直、翘曲不平等；外表面面砖黏结不牢、位置偏差、面砖嵌缝没有达到横平竖直、面砖表面翘曲不平等	清水混凝土构件有影响使用功能或装饰效果的外形缺陷	其他混凝土构件有不影响使用功能的外形缺陷
外表缺陷	构件内表面麻面、掉皮、起砂、沾污等；外表面面砖污染、预埋门窗破坏	具有重要装饰效果的清水混凝土构件、门窗框有外表缺陷	其他混凝土构件有不影响使用功能的外表缺陷，门窗框不宜有外表缺陷

4.成品合格标准

（1）主控项目全部合格。

（2）一般项目应经检验合格且不应有影响结构安全、安装施工和使用要求的缺陷。

（3）一般项目中允许偏差项目的合格率大于等于80%，允许偏差不得超过最大限值的1.5倍，且没有出现影响结构安全、安装施工和使用要求的缺陷。

第7章
管片制作生产工艺与技术要求

7.1 管片生产设备的强制规定

操作人员应体检合格,无妨碍作业的疾病和生理缺陷。并应经过专业培训、考核合格取得建设行政主管部门颁发的操作证或公安部门颁发的机动车驾驶执照后,方可持证上岗。学员应在专人指导下进行工作。

机械必须按照出厂使用说明书规定的技术性能、承载能力和使用条件,正确操作,合理使用,严禁超载、超速作业或任意扩大使用范围。

机械上的各种安全防护及保险装置和各种安全信息装置必须齐全有效。

清洁、保养、维修机械或电气装置前,必须切断电源,等机械停稳后再进行操作。严禁带电或采用预约停送电时间的方式进行维修。

7.2 管片生产设备的操作要求

7.2.1 搅拌机设备安全操作要求

混凝土搅拌设备全部采用微机及控制台集中控制,能连续拌制精度较高的混凝土拌合料,为确保机械的正常运转,混凝土拌合料的质量,做到安全生产,所有相关人员必须遵照执行。

(1)搅拌机必须设置三重安全保险,即单独的配电箱断路开关、操作台紧急断路开关以及搅拌机开门的限位自动断路开关。

(2)接班时应检查紧急断路开关与搅拌机开门限位自动断路开关的安全性,做好记录。

(3)搅拌机操作工不得无证操作,应经过专业培训合格具备上岗证书方可上岗操作。

(4)在接班时应查看:搅拌记录、料斗、皮带机、骨料秤等是否正常,并亲自确认搅拌机内以及危险部位无人工作,对有涉及安全隐患的故障,及时通知机修人员排除隐患和故障,严禁带病作业。

1. 班前工作

(1) 上班人员必须向接班人员交代目前正在生产的任务,所有的配方及机械运转状况。

(2) 接班人员应检查上班的运转记录填写是否完整。

(3) 接班必须检查上一班是否做了清洁保养工作,尤其是搅拌机的轴端是否加入了干净润滑油,检查搅拌机内是否干净,搅拌叶片及搅拌机墙板处的螺栓是否有松动现象。

(4) 接班人员在生产前必须做一次整机巡视,检查皮带,运料斜皮带,各料门的开闭情况。

(5) 当整机巡视无问题后,还应把转换开关打至手动位置,进行空载运转,并再次对各设备进行一次检查,确认无问题后,方可进行自动生产。

2. 生产操作规程

(1) 生产前应按如下顺序开机:用钥匙打开操作台面上的电源开关,再合上配电柜上的电源开关,此时可检查操作盘上各指示灯是否正常,然后开启计算机。

(2) 进入程序后,应校对配方表,配比量等每日可变数据,输入配合比时,一定要按照试验室下达的施工配比单上的数据进行输入,在没有接到新的配合比时,要按上一班执行,不得擅自修改。

(3) 计算机有关数据设定好以后,应把"自动/手动"转换开关打在自动位置上。

(4) 发送开机信号,然后启动斜皮带,开启供水水泵和空压机,开始生产。

(5) 生产过程中,操作人员应随时注意骨料仓各门的开启关闭情况,电脑屏显示称量位置情况,各称量斗开闭情况及其他运转部分的运转情况。如发现异常,应把"自动/手动"转换开关打在手动位置,待故障排除后,用手动操作把自动程序未进行的处理掉。

(6) 自动程序中断后,应关闭计算机,切断程序控制器电源,进 30 s 后,再合上程序控制器电源开关,重新启动计算机既可进行手动生产。

(7) 自动生产出现故障后,需手动生产时,应防止搅拌机过载,待搞清各物料在什么位置后,应按规定进行手动生产。

(8) 自动生产时,不要在计算机内查看其他内容,防止程序发生冲突,影响程序的正常运行。

(9) 在生产过程中,在骨料称量(料斗仓)处应设置一名看护人员。其职责是看皮带有无跑偏现象,各料斗门的开闭情况,称量仓有无卡阻现象等,若发现异常,应随时通知操作人员停止生产,待问题处理好以后,再进行生产。搅拌机平台,称量斗平台,由搅拌机清洗人员看保护,其职责是:看设备运行情况,主要是给搅拌机轴端的部位注油,观察所有运转的机械部分,皮带机上料部分,搅拌机润滑情况,液压泵工作情况,凡坚固部分是否有松动现象,各电机、减速器温度是否正常,卸料门的情况等。如发现异常,应及时与操作人员联系。

(10) 生产任务结束以后,应退出操作系统,关闭计算机,然后通知搅拌机清洁工,对搅拌机内部、粉灰称量斗与搅拌机连接部位清理等保养工作。

3. 日常保养注意事项

(1) 凡是转动部分的轴承座带油嘴处,按规定时间注一次润滑脂,设备运转中要观察注油泵注油情况,看到轴端有新鲜油脂挤出为止。

(2) 水泥蛟龙的齿轮箱、减速器、电动滚筒、空压机油箱等每一周检查一次油面高度,发现少油或油有杂质即可补油或换油。

（3）空压机每天开机前应先排一次积水。

（4）所有的传感器，每两天用风吹一次积尘。所有电磁气阀应每天检查工作情况及保洁，确保三连件的排水进油良好，并按要求加压缩机油。

（5）搅拌机在生产过程中，连续运转 8 h 以上应查看一次搅拌机，每班工作结束后，应彻底清除搅拌机内结料。并检查衬板、拌轴、拌壁的螺栓是否有松动现象。

（6）对上料皮带、搅拌机平台（二、三层）等部分每天均应进行清扫，扫清其杂物和积灰，搅拌机外观保持清洁干净。

4. 紧急停电或掉闸措施

（1）退出程序，关闭电脑，然后关上 UP 电源，此过程要在 5 min 内完成。

（2）手动扳开搅拌机卸料门的换向阀，放掉搅拌机内的混凝土，如果放不净，应用清水冲洗，防止混凝土凝固。

（3）用清水洗干净搅拌机内的剩料，可利用水泵系统冲洗。

7.2.2 螺杆压缩机安全使用操作要求

未经批准及允许的人员，不准随意操作空压机，操作者上岗前，必须熟知空压机安装、使用、操作说明书。

1. 操作要求

（1）起动前，应检查电路系统是否良好，电源开关在"断开"位置。

（2）检查空气管路连接是否良好，应确保系统无任何泄漏。

（3）打开油水分离器底部从排污阀，检查有关冷凝水。如有排放后关紧阀门。

（4）按同样程序检查储气罐各类阀门及排污阀的工作情况。

（5）检查机器润滑油的油位，不足时应予补足。

（6）在以上工作进行后，压缩机进行正常"起动"运转，然后缓慢地打开排气阀，使压缩空气并入供气管路。

2. 运转中注意事项

（1）机组运转中应经常注意观察，有异常响声和振动应立即停机。

（2）在运转中，压力容器和管路均有压力，不可松开管路和管堵，以及打开不必要使用阀门。

（3）长期运行中，若发现油位不足，应及时补充，加油应在停机后系统内无压力情况下进行。

（4）经常观察仪表压力，温度是否处于机组正常的运行范围。

（5）工作完毕后，必须切断电源，放尽储气罐及管路内的余气，做好日常清洁保养工作，做好工作记录。平时应经常保持空压机房内及周围环境的保洁工作。

7.2.3 起重机械挂钩人员操作要求

（1）起重作业时，应在周边设置警戒区域，并有监护措施；警戒区域内不得有人停留、工作或通过。不得用吊车、物料提升机载人。

（2）不得使用起重机进行斜拉、斜吊和起吊地下埋设或凝固在地面上的重物以及其他不明重量的物体。

（3）起吊重物应绑扎平稳、牢固；易散落物件应使用吊笼吊运；吊索与物件的夹角宜采用 45°～60°，且不得小于 30°。

（4）对大体积或易晃动的重物应拴拉绳；重物起升和下降速度应平稳、均匀，不得突然制动；回转未停稳前不得作反向动作。

（5）起重机的任何部位与架空输电导线的安全距离应符合 JGJ 46 - 2012《施工临时用电规范》的规定。

（6）起重机械使用的钢丝绳，应有钢丝绳制造厂签发的产品技术性能和质量的证明文件。其结构形式、强度等规格应符合起重机使用说明书的要求。

（7）起重机的吊钩和吊环严禁补焊。当出现下列情况时应更换：表面有裂纹、破口；危险断面及吊钩颈部永久变形；吊钩挂钢丝绳处断面磨损超过高度 10%；吊钩衬套磨损超过原厚度 50%；芯轴（销子）磨损超过其直径的 5%。

7.2.4　行车操作工操作要求

（1）行车操作工必须持证操作，必须从专用梯子上、下车。无特殊情况，不得行走轨道、不得从一台车上跨上另一台车。

（2）开车前应检查和消除轨道上的障碍物，并检查各操作部位是否处于良好。

（3）开车前起吊要轻放，不得突然猛起急落。起吊时，先以慢速把钢丝绳拉直，然后再以正常速度吊运，吊运重大物件和超长物件时，应将重物吊到起重机中点，然后以慢车行车。

（4）降落物体时，不得快速一次放到底，应在地面上留有 10～15 cm 距离时停一下，然后再轻放。地面或支承面应平整稳固，防止放物件时发生倾斜倒塌。

（5）多台起重机同一轨道工作时，两车间距不得小于 3 m。不得用一台起重机顶撞另一台起重机，特殊需要时，应松开被顶驱起重机的制动器。

（6）起重机上不得放置各种物件，以防掉落伤人，工具必须放在安全固定地方。

（7）严禁在起重机吊运通道上放置各种物件。起重机吊运时，任何人不得停留在桥架上。

（8）工作完毕后应把吊钩停留在限位器半米左右高度，桥式行车全部进厂房停靠，龙门行车电动葫芦应停在遮雨处。驾驶室各控制开关关闭、操作手柄处于"0"位，然后拉闸断电。遇大风季节，还要采取防止起重机自行移动的措施。

（9）在恶劣天气或夜晚，必须保证在 15 m 范围内能见度清晰情况下运行，能见度不足又无特殊安全措施，不得运行。

7.2.5　真空吸盘操作要求

（1）真空吸盘使用定机定人指挥，必须使用 10 t 荷载能力的行车，操作者熟悉机械性能操作规程、安全注意事项及停电应急措施,非操作者严禁使用。

(2)首次使用及电源相位变动时,必须检查真空泵风扇旋转方向是否正确。

(3)使用前应接通电源,将电源接头放置在规定的地方,并检查开关是否灵敏,各部件是否安全、可靠、正常。密封橡皮是否有破损、变形现象。

(4)使用前首先应检查真空压力表指针是否处于正常工作状态,吸盘中心点必须对准管片中心线,橡皮应与管片贴紧密,严禁密封橡皮在管片上摩擦。

(5)当红灯亮起或警报响起时,必须立即放下吊物,进行安全检查(由专人检测)。

(6)起吊前必须确定吸盘控制盒调节开关是否与管片类型(D、B、L、F)重量相匹配,以免发生管片坠落。

(7)吸盘起吊的重量不得大于荷载能力(5 t)物体,不得起吊倾斜的管片。

(8)每日工作前应检查机油的储量,若不足时应立即添加足够的油量。

(9)吊运时做到平稳、安全,不得摇晃过大,当发生停电和机械故障时,立即采取应急措施,使用安全保险带,时间不得超过 20 min,防止管片坠落事故发生。

(10)行车司机不得独立进行吊运工作,必须听从指挥人员和挂钩工的要求操作,速度保持在最慢一挡。

(11)吸盘吊运管片不得离地过高,严禁吊物(管片)从人头上方经过。

(12)管片吊运到规定地点后,应做到平稳放下,使吸盘处于搁置状态,排除吸盘内真空,再起吊吸盘进行下次吊运。

(13)吊运结束后,应将真空吸盘放置在规定的托架上,严禁碰撞。

(14)真空吸盘除每日进行检查外,还必须每月进行一次检测,确保其安全可靠性。

7.2.6　液压翻身架操作要求

(1)液压翻身架,必须专人负责操作,新使用者必须熟悉使用性能,操作熟练人员,方可上岗操作。

(2)管片应平稳、安全慢速吊入骨架,管片应贴近靠模。

(3)使用前、使用中应检查液压系统及翻身转动润滑系统和钢结构使用情况,有异常应停止使用。

(4)翻身架作业时,无关人员应远离现场。

(5)工作完毕后,应做好清扫保洁、保养工作。

7.2.7　CO_2气体保护焊机操作要求

(1)操作者必须持电焊操作证上岗。

(2)打开配电箱开关,电源开关置于"开"的位置,供气开关置于"检查"位置。

(3)打开气瓶盖,将流量调节旋钮慢慢向"OPEN"方向旋转,直到流量表上的指示数为需要值。供气开关置于"焊接"位置。

(4)焊丝在安装中,必须确认焊丝与轮的安装是否与丝径吻合,调整加压螺母,视丝径大小加压。将收弧转换开关置于"有收弧"处,先后两次将焊枪开关按下、放开进行焊接。

（5）焊枪开关"ON",焊接电弧产生,焊枪开关"OFF",切换为正常焊接条件的焊接电弧,焊枪开关再次"ON",切换电弧焊接条件的焊接电弧,焊枪开关再次"OFF"焊接电弧停止。

（6）焊接完毕后,应及时关闭电源,将 CO_2 气源总阀关闭,收回焊把线,及时清理现场。定期清理机上的灰尘,用空压机吹机芯的积尘物,一般时间为一周一次。

（7）钢筋焊接:十字形、T 形与边角钢筋接头处于水平位置进行的焊接。产品钢筋和焊接材料应符合设计图样的要求。

（8）焊丝应储存在干燥、通风良好的地方、焊丝使用前应无油锈,专人保管。焊接过程中尽量节省焊材,提高劳动生产率,降低成本。

（9）当风速超过 2 m/s 时,应停止焊接,或采取防风措施。作业区的相对湿度应小于90%,雨雪天气禁止露天焊接。

7.2.8　钢筋调直机操作要求

（1）料架、料槽应安装平直,并应对准导向筒、调直筒和下切刀孔的中心线。

（2）应用手转动飞轮,检查传动机构和工作装置,调整间隙,紧固螺栓,检查电气系统确认正常后,起动空运转,并应检查轴承无异响,齿轮啮合良好,运转正常后,方可作业。

（3）按照需调钢筋的直径,选用适当的调直块,曳引轮槽及传动速度。调直块的孔径应比钢筋直径大 2～5 mm,曳引轮槽宽应与调直的钢筋直径相吻合,传动速度应根据钢筋直径选用,直径大的宜选用慢速,经调试合格,方可送料。

（4）尚未固定好调直块、尚未盖好防护罩前不可以送料。作业中严禁打开各部防护罩并调整间隙。

（5）送料前,应将不直的钢筋端头切除。导向筒的前应安装一根 1 m 长的钢管,钢筋应先穿过钢管再送入导孔内。

（6）当钢筋送入后,手与曳引轮应保持一定的距离,不得接近。

（7）经过调直以后的钢筋如仍有慢弯,可逐渐加大调直块的偏移量,调整到调直为止。切断 3～4 根钢筋后,应停机检查其长度,当超过允许偏差时,应调整限位开关或定尺板。

7.2.9　钢筋切断机操作要求

（1）接送料的工作台面应和切刀下部保持水平,工作台的长度应根据加工材料长度确定。

（2）启动前,应检查并确认切刀无裂纹,刀架螺栓紧固,防护罩牢靠。然后用手转动皮带轮,检查齿轮啮合间隙,调整切刀间隙。

（3）启动后,应先空运转,检查各传动部分及轴承运转正常后,方可作业。

（4）机械未达到正常转速时,不得切料。切料时,应使用切刀的中、下部位,紧握钢筋对准刀口迅速投入,操作者应站在固定刀片一侧用力压住钢筋,应防止钢筋末端弹出伤人。严禁用两手分在刀片两边握住钢筋俯身送料。

（5）操作人员不得剪切超过机械性能规定强度及直径的钢筋和烧红的钢筋。一次切断多根钢筋时，其总截面积不应超出设备的规定范围。

（6）剪切低合金钢时，应更换高硬度切刀，剪切直径应符合机械铭牌规定。

（7）切断短料时，手和切刀之间的距离应保持 150 mm 以上，并应采用套管或夹具将切断短的料压住或夹牢。

（8）机械运转中，不得用手直接清除切刀附近的断头和杂物。在钢筋摆动周围和切刀周围，非操作人员不得停留。

（9）当发现机械运转不正常、有异常响声或切刀歪斜时，应立即停机检修。

7.2.10　钢筋弯曲机操作要求

（1）工作台和弯曲机台面应保持水平。

（2）作业前应准备好各种芯轴及工具，并应按加工钢筋的直径和弯曲半径的要求，装好相应规格的芯轴和成型轴、挡铁轴。

（3）芯轴直径应为钢筋直径的 2.5 倍。挡钢筋轴应有轴套。挡钢筋轴的直径和强度不得小于弯曲钢筋的直径和强度。

（4）启动前，应检查并确认芯轴、挡钢筋轴、转盘等不得有裂纹和损伤，防护罩应有效。在空载运转并确认正常后，开始作业。

（5）作业时，应将需弯曲钢筋一端插入在转盘固定销的间隙内，将另一端紧靠机身固定销，并用手压紧；在检查并确认机身固定销安放在挡住钢筋的一侧，启动机械。

（6）弯曲作业时，不得更换轴芯、销子和变换角度以及调速，不得进行清扫和加油。

（7）对超过机械铭牌规定直径的钢筋严禁进行弯曲。在弯曲未经冷拉或弯曲锈皮的钢筋时，应戴防护镜。

（8）在弯曲高强度钢筋时，应进行钢筋直径换算，钢筋直径不得超过机械允许的最大弯曲能力，并应调换相应的芯轴。

（9）操作人员应站在机身设有固定销的一侧。成品钢筋应堆放整齐，弯钩不得向上。

（10）转盘换向应在弯曲机停稳后进行。

7.2.11　滚弧机机械操作要求

（1）工作台和滚弧机台面应保持水平。

（2）作业前应调整好各轴芯之间的尺寸，并应按加工钢筋的滚弧半径的要求，调节好轴芯之间的距离，放下防护罩。

（3）作业前应先检查机械、电气设备性能情况，一切正常方可作业。

（4）严格按设备性能及工艺要求进行操作，严禁超出机械负载能力使用。

（5）滚弧钢筋长应有专人扶住，并站在钢筋滚弧内侧方向，互相配合，不得拖拽。

（6）设备修理、清洁、保养必须停机后进行。

（7）工作完毕后清理铁渣，做好日常机械保养、保洁工作。

7.3　管片生产制作的操作工艺

7.3.1　钢筋骨架制作操作工艺

（1）钢筋骨架单片焊接成型，必须在靠模内进行，其平行搭接的焊缝厚度应不小于 0.3 钢筋直径，焊缝宽度不小于 0.7 钢筋直径，搭接长度不小于 30 mm，钢筋交差搭接焊缝厚度不小于 0.35 钢筋直径，焊缝宽度不小于 0.5 钢筋直径，如图 7-1 所示。

（2）焊接成型时，焊接处不得有缺口、裂缝及较大的金属焊瘤，钢筋端部的扭曲、弯折应予以校直或切除。

图 7-1　钢筋焊接

（3）焊缝不得出现咬肉、气孔、夹渣现象，焊接后氧化皮及焊渣，必须清除干净。

（4）成型骨架起吊运输需与行车工密切配合，必须垂直起吊，不准斜吊。

（5）钢筋骨架制作成型后，按规定要求进行实测检查，认真填好记录检查合格后，分类堆放。

（6）预埋件所用材料、加工精度、焊缝高度、长度，必须严格按设计图纸加工。

7.3.2　预埋件的入库操作要求

（1）外加工的预埋件在成品进厂时必须由质量部门进行质量检验，抽检比例为 10%，若不合格则全检验，不合格的埋件，一律退货。

（2）外加工的预埋件，必须要有合格证书。

（3）检验合格入库，检验标准参考《预埋件、滑槽检验》。

7.3.3　模具组装操作工艺

（1）新制作或进行大修管片钢模进场后须对钢模进行精度的检验，合格后进行三环管片的试生产及三环管片的水平拼装，以检验管片钢模的制作质量；经拼装检验合格后，方可投入生产。每只钢模的配件必须对号入座，钢模清理必须彻底，混凝土的残渣必须全部清除，包括钢模底模、侧板、模芯、芯棒等，并用压缩空气吹净残渣，清理模时，不准用锤敲和凿子凿，严防钢模表面损坏。

（2）清理后的模具需涂刷脱模剂，要求用油刷或回丝涂刷，油面薄而匀，严禁有积油、淌油现象。

（3）在钢模合拢前，应先查看模具底板与侧面模结合处是否干净，关上端头板，合上两侧板，拧定位螺栓，先中间后两头，打入定位销，使端板与侧板一定要密贴。

（4）模具组装完毕后，必须对钢模的内净宽度进行检查，检测误差在规定的偏差范围内（$-0.4\sim+0.2$ mm）。车间自检合格后，必须经专职检验人员复检，合格后方可进入下道工序，并做好记录，如图 7-2 所示。

图 7-2　模具组装　　　　　　　　图 7-3　钢筋入模

7.3.4　钢筋骨架入模操作工艺

（1）钢筋骨架必须经检查合格后方可入模，如图 7-3 所示。

（2）钢筋骨架入模后，必须检查底部、两端、两侧的混凝土保护层，主筋的混凝土净保护层应控制在 50 ± 5 mm 范围内，管片中的预埋件锚固钢筋必须与管片的主筋焊接牢固，预埋件就位必须与钢模底弧面保持垂直密贴。

（3）环纵向芯棒安装前必须清除杂物，表面涂脱模剂，斜垫圈涂黄油。

（4）纵向、环向预留孔、加强螺旋钢筋的就位，必须固定在构造钢筋上，并确保与预留孔芯棒、钢模侧（端）板、模芯保持足够的间隙。

（5）管片中预埋件锚固钢筋必须与管片的主筋焊接牢固，其焊接长度不小于 30 mm，焊缝高度 6 mm。若两者间直接搭焊有困难可另加连接钢筋 $\varphi8$，将其两端分别于钢筋骨架、锚固搭焊。

（6）预埋件就位必须与钢模弧面及模芯保持垂直密贴，速接和预埋件孔位用塑料盖密封。

（7）芯棒入模安装必须拧紧螺丝，所有芯棒不准敲击。

（8）为满足防迷流，要求各块管片中钢筋需焊接连通，钢筋骨架成型后须用电桥检验，测试数值纵向不大于 3.0 mΩ；环向不大于 3.5 mΩ，抽检数量为 20%。

（9）钢筋骨架预埋件安装完毕后，班组自检钢筋，上模内不得有黄油及脱模油存积。

（10）车间全面检查钢筋骨架入模质量，并详细记录于自检表中。在隐蔽工程验收合格后方可允许浇捣混凝土。

7.3.5　混凝土浇捣操作工艺

（1）混凝土浇捣应严格执行分层浇捣工艺，分层厚度不大于 25 cm，在任何情况下一块管片必须连续浇捣完成，如图 7-4 所示。

（2）振捣由两侧端向中间顺序进行，宽度方向的振动点不少于四点，插入振捣点间隔半径不大于 25 cm，浇捣至 35 cm 高度后需在弧度面的两端依顺序分别向上振捣，确保表面混凝土振动密实。

（3）振捣要求：采用高频插入式振捣，捣动时若混凝土出现下列现象时说明混凝土已密实了。① 混凝土表面停止沉落或者沉落不明显；② 混凝土表面气泡不再显著发生或在振捣器周围没有气泡冒出；③ 混凝土表面呈水平，并有灰浆出现；④ 混凝土已将模板边角部位填满充实并没有灰浆出现。在浇捣第二层时，必须将插入式

图 7-4　混凝土浇筑

振捣器插入下层混凝土 10 cm，振捣后提拔时必须慢慢地提拔，不得留有洞穴。

（4）振动时振动棒严禁与钢模接触，不得支承在钢筋骨架上，不允许碰撞钢筋预埋芯棒及预埋件，振动棒振捣操作时做到快插、慢提，严禁在振捣过程中加洒生水，振捣完毕后构件表面不留气孔和水泡。

（5）振捣完毕后去盖，先用铁板刮平和压实，再用小木楔打磨平并提浆，铁板压光，清理钢模边的混凝土，用塑料薄膜覆盖保温，收水抹面时严禁洒水及水泥，抹面间隔进行 3～5 遍，需保证管片外弧面平整度不大于 2 mm，力求板面平整和顺。

（6）混凝土初凝前应转动一下芯棒，但严禁向外抽动，当混凝土初凝后再次转动芯棒，视混凝土结硬程度而定。

（7）在转动中拔出芯棒，避免摊孔。须将芯棒洗刷干净并涂上机油。

（8）混凝土从出料到入模的时间最长不超过 30 min，若超过时间则不能使用，同样混凝土料在钢模内（因其他故障原因）未振捣完，也不得超过 45 min（在故障时间内立即报告），立即采取其他措施。

（9）管片生产当班完毕后，须做好生产现场"落手清"工作：① 钢模上面表面及模具上的混凝土必须清理干净；② 盖板必须冲洗干净，并涂上机油，放在指定地备用；③ 振捣器使用完毕后保养清洁，入库存放；④ 管片生产现场及周围必须打扫干净。

7.3.6　管片的养护操作工艺

（1）管片的前期养护采用罩式蒸汽养护，蒸养前应记录好管片生产区域的自然温

度。必须严格按照静停、升温、恒温、降温等四个阶段进行,蒸养制度具体如表 7 - 1 所示。

表 7 - 1　管片蒸养制度

条　件	时　间	条　件	时　间
静　停	2~4 h	恒温时间	2 h
升温速度	≤15℃/h	降温进度	≤10℃
最高温度	≤60℃	脱模温差	≤20℃

（2）测温人员要严格执行蒸养制度,加强观测,做好测温记录,配合试验人员按规定放置和取出试块,混凝土试块的养护条件应与管片同条件养护。

（3）管片蒸汽养护后,生产小组须根据试验室签发的管片起吊通知单,混凝土试块抗压强度达到设计强度的 50% ,方可脱模起吊。

7.3.7　脱模操作规程

（1）管片脱模前需松开埋件底部固定装置和模板坚固夹具,方可用专用起吊工具起吊,操作时慢慢起吊,平均受力。

（2）吊装工操作时必须听起重工的指挥,并负责观察两端起吊高度。起吊时不得倾斜,上升起吊时两端必须手扶稳,管片严禁撞击钢模。

（3）管片在翻身架上翻身,管片翻身时凸槽向上,拆除管片上其他零件,同时抽取 10% 的管片进行单块尺寸精度检验,并做好记录。

（4）管片翻身后,拆下的活络模芯等附件,必须放回原钢模位置,装模人员验收安装。对管片应立即用塑料薄膜覆盖,进行保温、保湿。

（5）每块管片的内弧面右上方的凸面要盖上该管片的型号章、厂名、生产日期、班组,然后分型号类别吊入池内各个部位就位,并浸没水养护 7 天,管片入池时与水中的温差不大于 20℃ 。

（6）管片在入水前必须清理干净防迷流垫圈上的混凝土污垢,同时对有螺纹的埋件,涂嵌黄油或加闷盖。

7.3.8　三环整环拼装要求

在钢模复试合格后进行三环管片的试生产及三环水平拼装,以检验管片钢模的制作质量;试生产 100 环抽查 3 环做一次三环水平拼装检验,合格后方能批准钢模正式生产。以后每生产 200 环抽查 3 环做一次三环水平拼装检验。若检验不合格,经整改销项后,每生产 100 环抽查 3 环做一次三环水平拼装检验;若连续 2 次检验不合格,停产整改。

每次进行管片三环水平拼装时,必须调整管片水平拼装台座的水平度,符合要求后方可进行拼装。

7.3.9　成品检漏的方法和步骤

（1）将养护龄期大于 28 天的管片吊放在检漏设备台就位后,在管片内弧面铺上橡胶,上好夹具,先用手动扳手初步拧紧螺帽,再用气动扳手由中间向两端对称拧紧螺帽,气动分两次拧紧螺帽,第一次拧紧 60%。第二次拧足,使管片和检漏台上的橡胶的接缝处在整个试验阶段密贴不渗水。

（2）接通水泵电机电源,打开排气阀门,排出管片与捡漏设备台之间的空气,直到水溢出排气管,然后关紧排气阀门。

（3）调定溢流阀门工作压力,在 0.2 MPa 时恒压 5 min,升压至 0.4 MPa 时恒压 20 min,升压至 0.6 MPa 时恒压 35 min,升压至 0.8 MPa 时恒压 3 h。同时仔细检查管片渗漏情况,作好原始记录。

（4）关闭水泵电机电源,打开排气阀门,加压过程结束。

（5）若管道在操作过程中有滴漏水现象,立即通知相关人员修理,使检漏设备台始终处于正常完好状态。

7.3.10　管片进出养护水池操作工艺

（1）管片静养冷却、气泡修补完毕,清理干净防迷流垫圈上的混凝土污垢。

（2）管片在进池时应按图规定摆放。

（3）管片入池时与水中的温差不大于 20℃,水养护 7 天,按先入池先出池的原则。

（4）进出池时不得碰撞管片、养护池墙壁。

7.3.11　管片堆放及驳运操作工艺

（1）管片在吊运堆放,装卸运输时要有专人指挥,防止碰撞损坏,如图 7-5 所示。

（2）各种专用工具及各类吊索具,必须确定专人进行经常性(至少每周一次)的检查。发现问题及时通知有关部门,有关部门应及时组织整改,不得冒险作业。

（3）每次吊运管片时,必须使用各自的专用吊具并检查吊索具的设置情况,管片吊运时严禁从人体上空飞行。

（4）管片堆场地坪必须坚实平整,养护池及堆场底部采用垫木,厚度必须一致,放置位置正确,凹口朝下,凸口朝上。

（5）管片应侧立按型号,规格分别堆放,堆放高度以三块侧立高度为宜。

（6）垫木料要求：截面不小于 3 in×4 in;长度不短于 1.5 m;质硬;不得有腐烂。

（7）垫木料间距：① 标准块(B)、邻接块(L)：垫木块的中心距为 1.65±0.1 m,即环向端面沿内径的弦长向中心量取 0.6～0.65 m 处;② 落地块(D)：垫木块的中心距为2.1±0.1 m,即环向端面沿内径的弦长向中心量取 0.75～0.8 m 处;③ 封顶块(F)：垫木块的中心距为 0.3～0.35 m。

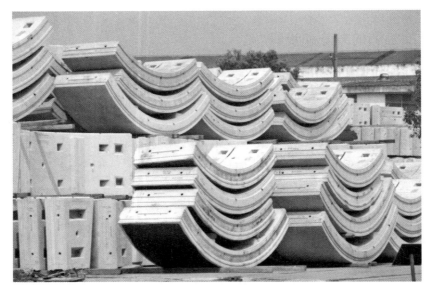

图 7-5 管片堆放

(8) 管片出厂装车不得超载,管片装车形式为内弧面向上,管片与车辆平面之间必须用截面不小于 3 in×4 in,长度为 1.0~2.0 m 枕木应垫实、放稳。

(9) 管片翻身后套吊,钢丝绳套入管片必须保持平衡,标准块、邻接块套入量为(两端向中心量取)0.3~0.5 m,D 块套入量为 0.5~0.7 m,F 块套入量为 0.07~0.10 m,标准块、邻接块、D 块严禁叠放套吊。

(10) 管片运输要有专门车辆、专用垫衬,一车装两块以上的管片时,管片之间应附有枕木及柔性材料做衬料,运输中要保持平稳行驶。

(11) 管片厂内短驳,车辆行驶速度以 5 km/h 为宜;管片出厂运输,车辆行驶速度控制在 35 km/h 为宜。

7.3.12 管片出厂检验操作工艺

(1) 出厂前每片管片必须经过质量检验。混凝土管片应达到外光内实,外弧面平整、光洁,保持螺栓孔润滑,管片不得有缺角掉边、蜂窝等外观缺损。

(2) 管片出厂检查中发现有缺损、缺角,应用管片修补剂,密封垫沟两侧、底面的大麻点应用麦斯特专用修补剂、水泥腻子填平,检验合格后方可使用,细小裂缝用环氧树脂注入封闭。

(3) 管片修补剂:采用麦斯特专用修补剂与水泥混合搅拌组成水泥浆,与快干水泥共同组成管片修补剂。乳液比重:1.01,pH 值 10.5,毒性:无毒。

(4) 乳液与水泥按 1:2 重量比,搅拌至匀质黏稠状态(机械搅拌),施工前,使基面潮湿,水泥浆施工厚度不超 2 mm,然后再用快干水泥涂于水泥浆上即可(若水泥浆已干则再涂一层)。

(5) 管片的内弧面右上角及同一方位凸面上,必须标有醒目的管片型号、规格、生产日期、厂名等,通过检验合格后盖上出厂合格章,以及检验人员代号,检验合格的管片方可出厂。

（6）凡出厂的地铁管片必须出具"地铁管片出厂合格证"。

7.3.13　管片出厂运输技术工艺

（1）管片运输要有专门车辆、专用垫衬,一车装两块以上的管片时,管片之间应放置枕块及柔性材料做衬料,运输中要保持平稳行驶。

（2）管片出厂运输,车辆行驶速度控制在 35 km/h 为宜。

（3）在运输过程上如道路差、路面不平,则行驶应尽量缓慢,使车辆保持平稳,以免影响装载的管片受损。

（4）车辆到施工现场时,须听从施工单位的指挥,卸车时做到平稳、安全不碰撞。

（5）卸车后,由施工单位验收,合格签证回单,如有管片缺损及施工方认为有缺陷而退货的,则须在回单中注明,并随车带回有缺陷的管片。

（6）工地退回的管片,公司质监人员须认真地检查,并对退回的管片找出原因,落实责任,做出处理意见,同时要提出有效的整改措施,把退货作为一次质量事故来对待。

7.4　管片质量检验

7.4.1　钢筋骨架制作质量

钢筋笼制作应有足够的精度,应将钢筋笼制作精度要求报监理工程师审核批准并备案。必须选用可靠的设备及工艺来保证钢筋断料、成型、焊接等工序的施工质量,并报监理工程师批准。

检验人员需按照设计和规定的要求对总装完成的钢筋笼进行严格的质量检查,主要内容包括：外观、焊接和精度（公差）等,检查合格后可挂牌标识进入成品堆放区待用。

（1）钢筋断料、成型检验标准,如表 7 - 2 所示。

表 7 - 2　钢筋加工检验标准

序号	项　　目	允许偏差/mm	检验方法	检　查　数　量
1	主筋长度	±5	尺量	抽检≥5 件/班同类型、同设备
2	分布筋长度	±5	尺量	抽检≥5 件/班同类型、同设备
3	主筋折弯点位置	±10	尺量	抽检≥5 件/班同类型、同设备
4	箍筋折弯尺寸	±5	尺量	抽检≥5 件/班同类型、同设备

（2）钢筋笼检验标准,如表 7 - 3 所示。

表7-3 钢筋笼检验标准

序号	项 目	允许偏差/mm	检验方法	检 查 数 量
1	主筋间距	±5	尺量	抽检≥5件/班同类型,每片骨架检查4点
2	箍筋间距	±5	尺量	抽检≥5件/班同类型,每片骨架检查4点
3	分布筋间距	±5	尺量	抽检≥5件/班同类型,每片骨架检查4点
4	骨架长、宽、高、对角线、弦长	±5	尺量	抽检≥5件/班同类型,每片骨架检查4点

(3)钢筋制作质量标准,如表7-4所示。

表7-4 钢筋制作质量标准

序 号	内 容	允许偏差/mm
1	网片长、宽尺寸	±5
2	网片间距	±5
3	保护层	-3,5
4	环、纵向螺栓孔	畅通、内圆面平整

7.4.2 混凝土衬砌管片的允许偏差

混凝土衬砌管片的允许偏差,如表7-5所示。

表7-5 管片允许偏差

序 号	内 容	允许偏差/mm
1	管片弧长	±1
2	管片内半径	±1
3	管片外半径	0,2
4	管片厚度	±1
5	管片宽度	±0.5
6	在任一径线方向周边表面对于理论平面的厚度	±0.5
7	端面的平均表面的误差	±0.5
8	螺栓孔直径	±1
9	端面防水衬垫和密封条沟槽边对于周边平面的吻合	±1
10	防水密封条沟槽的宽度	0,0.3
11	防水密封条沟槽的深度	0,0.2

7.4.3　单块衬砌管片质量检验标准

单块衬砌管片质量检验标准,如表7-6所示。

表7-6　管片质量检验标准

序　号	内　　容		检　测　要　求	允许误差/mm
1	外形尺寸	宽度	内外侧各测三个点	±0.5
		弦长	测三个点	±1
		弧长		±1
		厚度	测三个点	±1
2	混凝土强度等级			符合设计
3	混凝土抗渗等级			符合设计
4	氯离子扩散系数			符合设计

7.4.4　三环整环拼装裂缝间隙质量标准

水平拼装尺寸允许偏差,如表7-7所示。

表7-7　水平拼装尺寸允许偏差

序　号	内　　容	检　测　要　求	检　测　方　法	允许偏差/mm
1	环缝间隙	每环测3点	插片	≤1
2	纵缝间隙	每条缝测3点	插片	≤1(0,1)
3	成环后内半径	测4条	用钢卷尺	±1
4	成环后外半径	测4条	用钢卷尺	(0,2)

7.4.5　钢模检测

管片正式生产前,应做三环试拼装试验,拼装试验必须有甲方及监理工程师参加,并应提前15天通知甲方及监理工程师。试拼装经监理工程师同意可拆卸,拆卸后的管片,经同意后,可用作永久隧道衬砌。试拼装试验结果得到监理工程师批准同意后,方可进行正式生产。

管片生产过程中,每套钢模合拢后进行精度检测,每套钢模生产100环须做一次三环试拼装检测钢模精度是否满足生产要求,满足要求方可继续生产,承包商提供相应的检测工具。

7.4.6　管片抗渗检漏

管片每生产1班抽查2块做检漏测试,即在0.8 MPa水压维持3 h条件下,渗透深度不超过保护层 5 cm 为合格。若检验管片有 1 块不合格时,需加倍复验,若复验仍有 1 块不合格,则应对当天生产管片逐块检漏。发现检漏不合格管片,未经处理或未取得监理工程师验证,不得用于工程中。如同一配合比下,连续 3 班管片检漏测试均合格,可以每生产 100 环管片,检漏测试 2 块,若 100 环内发现有不合格的,检测频率恢复到 1 班 2 块;若连续 3 班均不合格,停产检查。发现检漏不合格管片,未经处理并监理工程师验证,不得用于工程中。

混凝土抗渗试验按 GB/T 50082－2009《普通混凝土长期性能和耐久性能试验方法标准》进行。同一配比、每生产 30 环管片做一组试块抗渗试验。以满足设计要求为合格。

7.4.7 管片试验

管片生产线在正式生产前应分别做单块管片抗弯试验(标准块浅埋、中埋、深埋、超深埋各 1 块)四次、管片接头抗弯试验(标准块 2 块)一次、管片环面抗剪试验(标准块或拱底块 1 块)一次和 6200 管片预埋件 1 抗拔试验各三次。以满足设计要求为合格。

管片每生产 1 000 环,应随机选择管片,分别做单块管片抗弯试验(标准块 1 块)一次以及 6200 管片预埋件 1 抗拔试验各试验三次。以满足设计要求为合格。

完成结构试验的管片应报废处理。

7.4.8 原材料及混凝土的检测

1. 原材料检验

管片生产所用原材料应得到建设单位委托的监理单位的认可,管片用混凝土的原材料,水泥、粉煤灰、矿粉、粗细骨料、外加剂、水等均应符合 GB 50204－2015《混凝土结构工程施工质量验收规范》、GB 50446－2017《盾构法隧道施工及验收规范》、GB 50299－1999(2003年版)《地下铁道工程施工及验收规范》、GB/T 50476－2008《混凝土结构耐久性设计规范》。

所有原材料(钢筋、水泥、砂、石、水、掺合料、外加剂)必须经过复试合格后,方可投入生产使用。

(1) 水泥:水泥应符合 GB 175－2007《通用硅酸盐水泥》的 P·1152.5 级硅酸盐水泥。

水泥存放不应超过 3 个月,不同厂家、不同品种、不同强度等级的水泥不得混用,水泥中不应有夹杂物和结块现象。在确定最终水泥品种之前,应对水泥与所使用的掺合料、外加剂等进行复配试验。

水泥中的氯离子含量不得超过 0.06%,碱含量不得超过 0.60%,C_3A 含量不宜超过 8%。对于所选用的硅酸盐水泥:其比表面积≤350 m²/kg。

以同一厂家、同一品种、同一标号、数量不超过 400 t 为一检验批次,按 GB 175－2007《通用硅酸盐水泥》规定执行复试。

(2) 粗骨料:粗骨料应符合 JGJ 52－2006《普通混凝土用砂、石质量及检验方法标准》连续级配的 5～25 mm 碎石,压碎指标≤12%,含泥量不应大于 1%,针片状颗粒含量不宜大于 12%。

以同一产地、数量不超过 600 t 为一批,按 JGJ 52 - 2006《普通混凝土用砂、石质量及检验方法标准》标准进行复试,并且每个月不少于一次表观密度、堆积密度、空隙率的试验。

(3)细骨料:细骨料应符合 JGJ 52 - 2006《普通混凝土用砂、石质量及检验方法标准》、GB 50108 - 2008《地下工程防水技术规范》的中砂(M_x=2.3~3.1),含泥量≤1.0%,不允许有泥块存在。允许使用符合标准规定,并经试验确定的人工砂。

以同一产地、数量不超过 600 t 为一批,按 JGJ 52 - 2006《普通混凝土用砂、石质量及检验方法标准》标准进行复试,并且每个月不少于一次表观密度、堆积密度、空隙率的试验。

(4)钢筋:钢筋直径大于 10 mm 时宜采用热轧螺纹钢筋,其性能应符合 GB 1499.2 - 2007《钢筋混凝土用钢 第 2 部分:热轧带肋钢筋》的规定,直径小于或等于 10 mm 采用低碳钢热轧圆盘条,其性能应符合 GB 1499.1 - 2008《钢筋混凝土用钢 第 1 部分:热轧光圆钢筋》的规定。

钢筋应根据设计要求选用,管片所使用的钢筋的种类、钢号、直径等应符合施工图及有关文件的规定。

钢筋进厂时应有出厂证明书或产品合格证,经检验合格满足要求方可使用。钢筋应平直、无损伤,表面不得有裂纹、油污、颗粒状或片状老锈。

当发现钢筋脆断、焊接性能不良或力学性能显著不正常等现象时,应对该批钢筋进行化学成分检验或其他专项检验。

钢筋材料及成型的钢筋骨架禁止露天堆放,堆放时应满足相关规定要求。

钢筋主筋不允许对焊。

每批钢筋进厂应有质量保证书,且必须是同一厂家、相同规格直径、相同铸造号、相同批号方可称为一批,按 GB 1499.1 - 2008《钢筋混凝土用钢 第 1 部分:热轧光圆钢筋》和 GB 1499.2 - 2007《钢筋混凝土用钢 第 2 部分:热轧带肋钢筋》标准进行复试。

(5)水:水应满足 JGJ 63 - 2006《混凝土用水标准》的混凝土搅拌用水。

(6)外加剂:外加剂应使用高效聚羧酸盐系列减水剂,并应符合 GB 8076 - 2008《混凝土外加剂》、GB 50119 - 2013《混凝土外加剂应用技术规范》及 JG/T 223 - 2017《聚羧酸系高性能减水剂》的相关规定。要求质量稳定,与水泥有良好的适应性。砂浆减水率≥20%。严禁使用氯盐类外加剂。

(7)掺合料:粉煤灰应符合 GB/T 1596 - 2 005《用于水泥和混凝土中的粉煤灰》的 Ⅱ 级或以上 F 类粉煤灰,粉煤灰的应用应符合其规定;矿粉应符合 GB/T 18046 - 2008《用于水泥和混凝土中的粒化高炉矿渣粉》、DG/TJ 08 - 501 - 2008《粒化高炉矿渣粉在水泥混凝土中应用技术规程》的 S95 及以上矿粉。

粉煤灰以同一厂家,按 GB/T 1596 - 2005《用于水泥和混凝土中的粉煤灰》取样,以连续 200 t 相同等级、相同种类为一个检验批进行细度、需水量比、烧失量复试检验。

矿渣粉每批按 GB/T 18046 - 2008《用于水泥和混凝土中的粒化高炉矿渣粉》要求取样,以 200 t 为一个检验批,进行密度、比表面积、活性指数、流动度比、含水量等项复试检验。

2. 混凝土配合比要求

(1) 混凝土配合比应满足设计指标:强度等级 C55、抗渗等级不小于 P10、坍落度 50 ± 20 mm,氯离子扩散系数 $D_{Cl}\leqslant3\times10^{-8}$ cm²/s(RCM 法),设计使用寿命为 100 年。

(2) 混凝土的配合比设计应符合 JGJ 55 - 2011《普通混凝土配合比设计规程》的要求,根据冬夏季气温适时微量调整主要材料配合比。

(3) 配合比调整需要通过试验验证,并上报驻厂监理批准。

(4) 混凝土必须采用双掺,最大水胶比 0.35,最大胶凝材料用量 450 kg/m³。水泥用量不得高于 350 kg/m³。

(5) 混凝土的耐久性设计应符合 GB 50010 - 2010《混凝土结构设计规范》和 CCES 01 - 2004《混凝土结构耐久性设计与施工指南》的有关规定,氯离子含量不得大于胶凝材料总用量的 0.06%,混凝土的总碱含量应 $\leqslant3.0$ kg/m³,电通量应 $\leqslant1\ 000$ C(含钢纤维的管片除外)。

(6) 如混凝土基准配合比或主要原材料及外加剂发生变化,必须经过试验验证并上报总监理工程师审批,同意后方可使用。

3. 管片混凝土强度检验

混凝土拌合物应在浇捣工序中随机取样,制作立方体试件,试件的制作应按 GB/T 50080 - 2016《普通混凝土拌合物性能试验方法标准》的规定进行。

每班拌制的同配合比的混凝土,取样不得少于一次,每次至少成型三组。二组试件与管片同条件养护,分别用于检验脱模强度和出厂强度;另一组试件与管片同条件蒸汽养护脱模后再进行标准养护,用于检验评定混凝土 28 天抗压强度。

混凝土抗压强度试验方法应符合 GB/T 50081 - 2002《普通混凝土力学性能试验方法标准》规定。混凝土 28 天抗压强度的评定应符合 GB/T 50107 - 2010《混凝土强度检验评定标准》规定。混凝土设计配合比有调整时应进行混凝土总碱量试验,混凝土总碱量按相关标准进行检验。

混凝土设计配合比调整时应进行混凝土氯离子含量的试验,混凝土氯离子含量试验,按相应组分的氯离子含量试验方法进行检验,总氯离子含量为各组分带入的氯离子含量的总和。

4. 管片混凝土抗渗试验

混凝土抗渗试验,按 GB/T 50082 - 2009《普通混凝土长期性能和耐久性能试验方法标准》进行。

每 30 环应制作抗渗试件一组,一组 6 个试件,试件在标准条件下养护。

7.4.9 预埋件、滑槽检验

预埋件的生产单位在供货前,应进行自检,确保满足规定和设计要求。供货时应提供产品检验合格证、产品原材料详细说明书、国家认定的专业检测机构出具的检验报告及业主方认为有必要的证明文件。

管片生产厂家及监理在接收管片的预埋件时,应由专门人员进行抽检,确保预埋件满足规定和设计要求。抽检应随机进行,每 6 000 套为一检验批次,每批次抽检数量为 1%,如发现有不合格产品,则加倍抽检,若仍有不合格产品,则整批退回生产厂家。

预埋滑槽防腐涂层需按以下方法进行检验: ① 盐雾试验: 按 GB/T 10125 - 2012 中要求进行,试验周期为 480 h。② 耐碱性能-涂层经过耐碱试验后,涂层不变色,无气泡,斑点。在 23±2℃ 条件下,以 100 ml 蒸馏水中加入 0.12 g 氢氧化钙的比例配碱溶液并进行充分搅拌,该溶液 pH 值应该达到 12～13。按 GB/T 9274 - 1988 规定的甲法(浸泡法)进行周期为 168 h 的试验。③ 附着力试验按 GB/T 9286 - 1998 规定的方法进行。涂层的附着力应达到 GB/T 9286 - 1998 中表 1 的前三级。④ 预埋滑槽制作要求。

预埋滑槽制作要求,如表 7 - 8 所示。

表 7 - 8　预埋滑槽制作允许偏差

项　　目	允 许 偏 差/mm	备　　注
滑槽弧长	1.0	
滑槽内半径	±1.0	
槽壁厚度	0,0.2	
锚筋长度	±1.0	
锚筋及后扩大头直径	±0.2	
槽道的宽度及厚度	0,0.5	

7.4.10　防迷流测试质量标准

(1)为了确保防迷流要求,管片中钢筋、钢结构之间均需焊接连通,钢筋骨架成型后需以电桥检验其钢筋,钢结构是否接通,不通者应予以补焊,钢筋笼成型后防迷流测试比例为每 30 环测试 1 环,并做好记录与标记。

(2)管片防迷流测试标准值是根据设计值确定。如管片采用导通法防迷流的,应进行管片的防迷流测试。单块管片环向电阻值及纵向电阻值均应不大于 5×10^{-3} Ω,并做好记录和标志。

(3)管片防迷流测试频率定位每生产 30 环管片测试 1 环。

(4)在管片进行三环水平拼装检验时,同时进行管片整环防迷流测试。成环拼装以后的电阻值:整环管片任意两点间的电阻值不大于 15×10^{-3} Ω,纵向相邻的两块管片任意两点间的电阻值不大于 20×10^{-3} Ω。

7.4.11　管片耐久性检验

管片耐久性检验如表 7 - 9 所示。

表 7-9　管片耐久性检验

结构部位		混凝土密实度				抗裂性能	
		电通量 C(库仑)		氯离子扩散系数 10^{-12} m^2/s		抗裂等级	
		指标值	次	指标值	次	指标值	次
盾构隧道	管片	≤1 000	1/配合比	≤1.2	1/配合比	1	2/配合比

7.4.12　CO_2 气体保护焊焊接检查

在钢筋笼的加工中广泛使用 CO_2 气体保护焊,确保钢筋笼的焊接质量。

传统的焊机容易产生钢筋"咬肉"现象,使设计有效钢筋断面不能保证,影响管片的内在质量。而且由于传统焊接熔点高,在钢筋接点的附近材质发生变化,不能保证管片质量。

7.4.13　系统功能结构

管片系统功能结构,如图 7-6 所示。

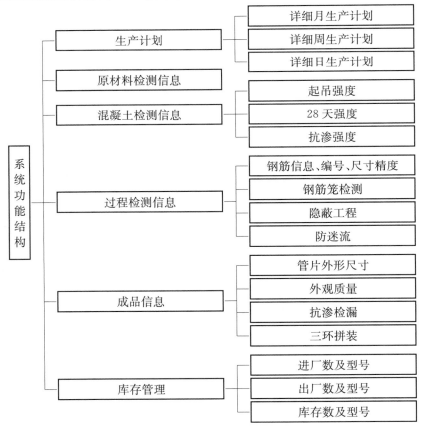

图 7-6　系统功能结构

1. 生产计划

管理人员先输入当月的生产计划、每周的生产计划和每天的生产计划,生产管理人员通过系统可以迅速、全面了解生产计划的落实情况,即时掌握每一道工序的在线模板数量、生产状态。

2. 原材料检测

原材料检测软件为上海市建设工程检测行业协会统一提供的软件,在此基础上,我们设计新的管片生产管理系统可以访问协会软件的数据库,使得原材料检测的数据报告在新的信息管理系统得到自动反映。这一步骤不需要特别的人工投入。

3. 混凝土信息检测

混凝土相关信息检测和原材料检测一样,也是新信息系统调用行业协会软件数据库,包括混凝土的起吊强度、28 天强度、抗渗等级等信息。

4. 生产过程的检测信息

生产过程的检测信息的录用是信息化管理的一个关键部分,生产过程信息包括模具的编号、管片的型号、生产日期、钢筋笼检测信息、隐蔽工程信息以及防迷流信息。需要安排专人或部分采用自动化将以上信息输入系统。

5. 管片成品信息

管片成品信息包块管片的外观质量、尺寸、抗渗检漏情况、三环拼装情况等信息,也需要安排检验人员进行数据的输入。

管片的储运信息化管理在于合理地安排管片的出厂顺序、减少多次驳运带来的管片破损。在此方面,我们首先对厂区所有场地进行编号,由生产管理人员做好各种型号管片的存储规划,再由车间指派专人对每块场地进行管片的进出进行信息统计,统计信息每天输入软件,所有与生产和出厂相关的人员都可以轻松地按照电脑程序显示的管片型号找到管片。

我公司的信息化管理技术,通过终端和网络技术生产输入和存储大量的现场数据,在通过对数据的可视化管理,进行查询、统计、分析,实现对生产、储运和发货各环节的全过程跟踪和精细化管理,另外,所有数据将为上级主管单位、申通公司、监理等提供接口,以便相关方及时掌握管片生产全过程信息。

7.4.14　加强产品生产过程控制

在生产中坚持操作人员自检、班组人员互检、专业人员复检的三级质量管理体系,配备专业检查人员。过程控制,即是把产品加工的过程分成若干主要工序,每道工序有专人负责对加工的半成品进行检验,上一道工序对下一道工序负责,下一道工序对上一道工序检验。对所有工序必须保证有记录台账,留有可追溯的原始记录。针对管片生产制定了一套过程控制的质量表式,以此达到过程控制的强制效果。对产品的最终质量负责。

实施定人定岗的生产人员管理制度。

在流水线关键岗位上,必须实施专业化的生产管理模式,即杜绝传统生产交叉作业以及串岗现象。另一方面,必须限定每一关键岗位上的生产人数,根据生产经验,流水线作业方式下如果有缺岗现象,必定会打乱生产节奏,甚至会严重影响产品质量,所以,在新的流水线生产时,我们必须制订好切实可行的岗位操作管理制度。

实施定额生产以及定额领料的管理制度。

定额生产即每天的生产数量必须在前一天安排好,除钢筋笼保持一定的库存外,为了使流水线通畅,必须杜绝埋件、辅助材料等大量堆积在工作线周边、影响流水线的文明和安全施工。所以必须实施定额领料制度,车间管理人员必须按照当日的生产数量配备给生产班组相应的预埋件和辅助材料,生产线上不得有任何材料堆积的现象。

作业流程,质量考核规范化:

(1)对相关岗位的人员做好书面的安全生产,技术质量交底工作,由本人签字。

(2)制作生产车间作业动态牌,布置在车间醒目位置。

(3)由厂部技术质量负责人、车间主任和劳务班组长每两周对车间生产进行检查,制定评分考核办法,按照考核办法实施奖励和处罚。

管片生产厂联合共同组建管片生产与质量控制信息化管理平台,建立专业领导小组,各管片制作单位专人负责管理。

7.4.15　产品质量控制关键点

1. 砂石等原材料控制

按招标文件中所规定的原材料要求进行选矿,严格控制原材料质量以确保管片达到高强度要求。原材料进场后,材料部门组织验收,收取料单及材料质保书,合格证。对材料的生产厂家、产地、型号、规格、种类、数量及材料外观进行验收,并专门设立台账并注册登记。另外通知实验室取样,对进场材料进行复试。原材料进场验收合格后,方可进入堆场并分仓堆放,严禁混仓。

2. 钢筋骨架制作精度

钢筋骨架制作应按设计图纸要求翻样、断料及成型,总装必须在符合精度要求的专用靠模上加工拼装,严格控制焊接质量,并由专人检测、记录、挂牌标识。在总体拼装时发现系统误差,应及时修正钢筋笼胎模在加工工程中所产生的变形。

3. 混凝土搅拌

严格控制混凝土原材料的质量,混凝土搅拌系统采用自动系统,按规定对混凝土搅拌系统的计量装置进行校验,在使用过程中加强维护保养,使称量系统始终保持良好的工作状态。混凝土浇捣是管片制作过程中的"关键工序",上岗作业必须配备有经验的操作熟练工。要定职、定人、专人负责。质检人员必须到现场监督。并密切关注浇捣中随时发生的质量问题,加强指导和及时处理。在混凝土搅拌过程中必须严格控制好混凝土坍落度。混凝土浇捣中必须按规定要求,填写混凝土接收记录。

4. 钢模检测

钢模的精度是钢筋混凝土管片精度的基础与保证。钢模到厂定位后的精度必须复测,试生产后必须进行钢模精度同实物管片精度对比检测及管片三环水平拼装精度的综合检测。各项检测指标均在标准的允许公差内,方可投入正常生产。

在正常生产状态下,对钢模实施两种检查管理,即浇捣前的快速检查和钢模定期检查。浇捣前的快速检查:用专用的快速测量工具对钢模中心宽度和能显示钢模正确合拢的项目进行检测。检测工具必须保持完好状态,并要妥善放置在可靠的地方;钢模定期检查其目的是保证钢模在允许公差之内进行管片制作,在常规情况下,检查周期为每制作 100 环管片为检查周期。如有特殊情况,可缩短其检查周期或作针对性检查。超标必须上报和及时修正。复检达标后方可继续进行管片制作。钢模的检查要求及方法,如表 7-10 所示。

表 7-10　钢模各项精度要求及检测方法

序号	实测项目	规定值或允许偏差	检测方法和工具	规定权值
1	钢模内腔宽度	±0.25 mm	精度为 0.01 mm 的内径千分尺,D、B_1、B_2、L_1、L_2 测量十点,F 测量六点	20
2	钢模内腔高度	(0.5,2)mm	精度为 0.02 mm 的深度游标尺,测量六点	20
3	钢模内腔内外径弧弦长	±0.5 mm	用塞尺测量出检测样板与钢模端板的间隙,通过计算得出弧、弦长,测四端	20
4	环面角度	±0.02°	用塞尺测量出检测样板与钢模端板的间隙,通过计算得出角度;测四端,或用三维管片钢模激光测量系统检测	10
5	端面角度	±0.02°	用塞尺测量出检测样板与钢模端板的间隙,通过计算得出角度;测四端,或用三维管片钢模激光测量系统检测	10
6	环面与端面的角度	±0.01°	用塞尺测量出检测样板检测钢模侧板与端板的间隙,通过计算得出角度;测四角,或用三维管片钢模激光测量系统检测	10
7	圆心角	≤0.005°	用塞尺测量出检测样板与钢模端板的间隙,通过计算得出角度;测四端,或用三维管片钢模激光测量系统检测	5
8	纵向、环向芯棒中心距	±0.02 mm	精度为 0.02 mm 的游标卡尺	5

整体目测检查(目视测定):检查钢模的整体功能、构造、所有部件、外观以及机械装置(包括操作中的问题)等进行仔细检查,用目视确认钢模结构坚固,无作业引起的误差,以及混凝土接触面无损伤及凹凸,所有附件或配件有无缺陷;调整侧板模板目视钢模端板的角度。钢模检查的各项目检测值都应及时准确清晰填写在规定的钢模检查表中,确保记录的有效性和可追溯性。

5. 蒸汽养护

管片蒸汽养护采用全自动温控系统由专人负责,严格按照"静停、升温、恒温、降温"四阶段所规定的要求进行操作,并如实填写蒸养记录。

6. 水养护

确保管片七天的水养护,管片吊入池前,必须对外露的或有螺纹的预埋件涂黄油或加盖,以防止管片在水养护的过程中造成预埋件锈蚀等。

7. 冬季施工质量控制

管片生产历经冬季,在管片冬季生产中,必须严格制定冬季施工规范,当管片生产浇捣时气温连续5天稳定低于5℃时,管片制作应采用冬季施工措施和气温突然下降的防冷措施,对用普通硅酸盐水泥拌制混凝土制作的管片,必须满足在混凝土受冻前,混凝土立方体的抗压强度不低于 $0.3f_{cu,k}$,这也作为混凝土冬季施工采取措施的主要依据。

冬季施工混凝土拌制,由搅拌站根据管片结构和制作条件,配制冬季施工混凝土级配单。

从拌制混凝土到混凝土入模相隔时间应尽量缩短,做到混凝土随出、随运、随入模、以减少混凝土自身温度的降低,冬季施工期间,按规范与要求加强对混凝土质量检查,从混凝土配制、运输、入模、养护等全过程进行质量监控,尤其是蒸养温度和温度差值的测试尤为重要,以确保管片在冬季制作的质量。

采用管片冬季施工法——蒸汽水加热搅拌法:模具操作工来车间,在打开管片钢模进行管片脱模作业的同时,打开水箱内蒸汽阀利用余热进行水箱水加热(约 1 h 后水温达到70℃左右关闭蒸汽阀门);混凝土搅拌机搅拌(搅拌时间大于 120 s),要求在搅拌机出料后的30 min 内完成浇捣,操作过程注意混凝土的保温工作,然后管片操作进入下一个程序。

8. 雨天施工质量控制

雨天管片生产施工控制重点是混凝土料的含水量。由于管片生产对混凝土制作质量要求很高,所以雨天施工一定要注意砂石料的含水量的变化,及时调整用水量,保证混凝土各项指标都达到要求,对不符合要求的混凝土坚决不予使用。另外雨天施工要加强质量控制的力度,增加混凝土测试的次数。

针对这一情况,本单位设置了带移动顶棚的骨料待料仓,砂石待料仓增设了移动雨棚,确保砂石含水量相对稳定,保证了混凝土拌合物的配制质量。

7.4.16 施工组织措施

根据多年制作管片的经验,同时也为了满足本标段管片制作质量和进度的要求,形成了由原材料堆场、钢筋成型制作车间、管片混凝土浇捣车间和管片堆场四大部分组成的管片制作流水区域,以及配备各种测试设备和产品试验装置等;能进行制造和品质保证;并具有优秀的、先进的技术和满足工程需要的制造能力。要求场地宽敞,设施齐全,员工对管片加工技术熟练,训练有素。

第8章
预制构件运输及存放

8.1 预制构件存放

8.1.1 预制构件存放要求

存放场地应平整坚实,并具有排水措施,堆放构件时应使构件与地面之间留有一定空隙。根据构件的刚度及受力情况,确定构件平放或立放,板类构件一般宜采用叠合平放,对宽度不大于 500 mm 的板,宜采用通长垫木;大于 500 mm 的板,可采用不通长的垫木。垫木应上下对齐,在一条垂直线上。大型桩类构件宜平放,薄腹梁、屋架、桁架等宜立放。构件的断面高宽比大于 2.5 下部应加支撑或有坚固的堆放架,上部应拉牢固定,以免倾倒。墙板类构件宜立放,立放又可分为插放和靠放两种方式。插放时场地必须清理干净,插放架必须牢固,挂钩工应扶稳构件,垂直落地,靠放时应有牢固的靠放架,必须对称靠放和吊运,其倾斜角度应保持大于 80°,板的上部应用垫块隔开。

构件的最多堆放层数应按构件强度、地面耐压力、构件形状和重量等因素确定。预制叠合板、楼梯、内外墙板、梁的存放如图 8-1~图 8-5 所示。

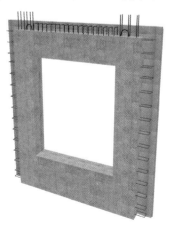

图 8-1 叠合板运输与堆放

图 8‑2　叠合板的存放

图 8‑3　楼梯的存放

图 8‑4　墙的存放

图 8‑5　梁的存放

8.1.2　预制构件存放的注意事项

存放前应先对构件进行清理。构件清理标准为套筒、埋件内无残余混凝土、粗糙面分明、光面上无污渍、塑板表面清洁等。套筒内如有残余混凝土,应及时清理。埋件内如有混凝土残留现象,应用与埋件匹配型号的丝锥进行清理,操作丝锥时需要注意不能一直向里拧,要遵循"进两圈回一圈"的原则,避免丝锥折断在埋件内,造成不必要的麻烦。外露钢筋上如有残余混凝土需进行清理。检查是否有卡片等附件漏卸现象,如有漏卸,及时拆卸后送至相应班组。

将清理完的构件装到摆渡车上,起吊时避免构件磕碰,保证构件质量。摆渡车由专门的转运工人进行操作,操作时应注意摆渡车轨道内严禁站人,严禁人车分离操作,人与车保持2～3 m的距离,将构件运至堆放场地,然后指挥吊车将不同型号的构件码放。

预制构件应按吊装、存放的受力特征选择卡具、索具、托架等吊装和固定维稳措施。对于清水混凝土构件,要做好成品保护,可采用包裹、盖、遮等有效措施。预制构件存放处 2 m 范围内不应进行电焊、气焊作业。

8.2　预制构件运输

8.2.1　预制构件的运输准备

预制混凝土构件如果在存储、运输、吊装等环节发生损坏将会很难补修,既耽误工期又造成经济损失。因此,大型预制混凝土构件的存储工具与物流组织非常重要。构件运输的准备工作主要包括:制定运输方案、设计并制作运输架、验算构件强度、清查构件及察看运输路线。

1. 制定运输方案

此环节需要根据运输构件实际情况,装卸车现场及运输道路的情况,施工单位或当地的起重机械和运输车辆的供应条件以及经济效益等因素综合考虑,最终选定运输方法、选择起重机械(装卸构件用)、运输车辆和运输路线。运输线路的制定应按照客户指定的地点及货物的规格和重量制定特定的路线,确保运输条件与实际情况相符。

2. 设计并制作运输架

根据构件的重量和外形尺寸进行设计制作,且尽量考虑运输架的通用性。

3. 验算构件强度

对钢筋混凝土屋架和钢筋混凝土柱子等构件,根据运输方案所确定的条件,验算构件在最不利截面处的抗裂度,避免在运输中出现裂缝。如有出现裂缝的可能,应进行加固处理。预制构件的运输要待混凝土强度达到 100% 进行起吊,若预应力构件无设计要求,出厂时的混凝土强度不应低于混凝土立方体抗压强度设计值的 75%。

4. 清查构件

清查构件的型号、质量和数量,有无加盖合格印和出厂合格证书等。

5. 察看运输路线

在运输前再次对路线进行勘查,对于沿途可能经过的桥梁、桥洞、电缆、车道的承载能力,通行高度、宽度、弯度和坡度,沿途上空有无障碍物等实地考察并记载,制定出最佳顺畅的路线,需要实地现场的考察,如果凭经验和询问很有可能发生许多意料之外的事情,有时甚至需要交通部门的配合等,因此这点不容忽视。在制定方案时,每处需要注意的地方需要注明。如不能满足车辆顺利通行,应及时采取措施。此外,应注意沿途是否横穿铁道,如有应查清火车通过道口的时间,以免发生交通事故。

8.2.2　主要运输方式

在低盘平板车上按照专用运输架,墙板对称靠放或者插放在运输架上。

对于内、外墙板和 PCF 板等竖向构件多采用立式运输方案,竖向或页数形状的墙板宜采用插放架,运输竖向薄壁构件、复合保温构件时应根据需要设置支架,例如墙体运输如图 8-6 所示。对构件边角部或与紧固装置接触处的混凝土宜采用衬垫加以保护,运输时应采取绑扎固定措施。当采用图 8-6 方法靠放运输墙板构件时,靠架应具有足够的承载力和刚度,与地面倾角宜大于 80°;墙板宜对称靠放且外饰面朝外,构件上部宜采用木垫块隔离。当采用插放架治理运输墙板构件时,宜采取直立运输方式,插件应具有足够的承载力和刚度,并应支垫稳固。当采取叠层平放的方式运输构件时,应采取防止构件产生裂缝的措施。

图 8-6 墙体运输

平层叠放运输方式:将预制构件平放在运输车上,一件件往上叠放在一起进行运输。叠合板、阳台板、楼梯、装饰板等水平构件多采用平层叠放运输方式。叠合楼板:标准 6 层/叠,不影响质量安全可到 8 层,堆码时按产品的尺寸大小堆叠;预应力板:堆码 8～10 层/叠;叠合梁:2～3 层/叠(最上层的高度不能超过挡边一层),考虑是否有加强筋向梁下端弯曲。

除此之外,对于一些小型构件和异型构件,多采用散装方式进行运输。

构件运输宜选用低平板车;成品运输时不能急刹车,运输轨道应在水平方向无障碍物,运输车速平稳缓慢,不能使成品处于颠簸状态,一旦损坏必须返修。运输车速一般不应超过60 km/h,转弯时应低于 40 km/h。大型预制构件平板拖车运输,时速宜控制在 5 km/h 以内。

简支梁的运输,除在横向加斜撑防倾覆外,平板车上的搁置点必须设有转盘;运输超高、超宽、超长构件时,必须向有关部门申报,经批准后,在指定路线上行驶。牵引车上应悬挂安全标志。超高的部件应有专人照看,并配备适当工具,保证在有障碍物情况下安全通过;平板拖车运输构件时,除一名驾驶员主驾外,还应指派一名助手,协助降望,及时反映安全情况和处理安全事宜。平板拖车上不得坐人;重车下坡应缓慢行驶,并应避免紧急刹车。

驶至转弯或险要地段时,应降低车速,同时注意两侧行人和障碍物;在雨、雪、雾天通过陡坡时,必须提前采取有效措施;装卸车应选择平坦、坚实的路面为装卸地点。装卸车时,机车、平板车均应刹闸。

8.2.3 主要存储方式

到目前为止,国内的预制混凝土构件的主要储存方式有车间内专用储存架或平层叠放,室外专用储存架、平层叠放或散放。

8.2.4　控制合理运输半径

合理运距的测算主要是以运输费用占构件销售单价比例为考核参数。通过运输成本和预制构件合理销售价格分析，可以较准确地测算出运输成本占比与运输距离的关系，根据国内平均或者世界上发达国家占比情况反推合理运距。

在预制构件合理运输距离分析表中，运费参考了北京燕通和北京榆构的近几年的实际运费水平。预制构件每立方米综合单价平均 3 000 元计算；水平构件较为便宜，约为 2 400～2 700 元，外墙、阳台板等复杂构件约为 3 000～3 400 元。以运费占销售额 8% 估计的合理运输距离约为 120 km。

合理运输半径测算：从预制构件生产企业布局的角度，合理运输距离由于还与运输路线相关，而运输路线往往不是直线，运输距离还不能直观地反映布局情况，故提出了合理运输半径的概念。从预制构件厂到预制构件使用工地的距离并不是直线距离，况且运输构件的车辆为大型运输车辆，因交通限行超宽超高等原因经常需要绕行，所以实际运输线路更长。

根据预制构件运输经验，实际运输距离平均值比直线距离长 20% 左右，因此将构件合理运输半径确定为合理运输距离的 80% 较为合理。因此，以运费占销售额 8% 估算合理运输半径约为 100 km。合理运输半径为 100 km 意味着，以项目建设地点为中心，以 100 km 为半径的区域内的生产企业，其运输距离基本可以控制在 120 km 以内，从经济性和节能环保的角度，处于合理范围。

总的来说，如今国内的预制构件运输与物流的实际情况还有很多需要提升的地方。目前，虽然有个别企业在积极研发预制构件的运输设备，但总体来看还处于发展初期，标准化程度低，存储和运输方式较为落后。同时受道路、运输政策及市场环境的现在和影响，运输效率不高，构件专用运输车还比较缺乏且价格较高。

8.3　构　件　堆　放

8.3.1　构件堆场基本要求

预制构件堆放应符合下列规定：

（1）堆场应为吊车工作范围内的平坦场地。

（2）构件的临时堆场应尽可能地设置在吊机的辐射半径内，减少现场的二次搬运，同时构件临时堆场应平整坚实，有排水设施。

（3）堆场应平整、坚实并应有排水措施。

（4）预埋吊件应朝上，标识应朝向堆垛间的通道。

（5）构件支垫应坚实、垫块在构件下的位置宜与脱模、吊装时的起吊位置一致。

（6）重叠堆放构件时，每层构件的垫块应上下对齐，堆垛层数应根据构件、垫块的承载力确定，并应根据需要采取防止堆垛倾覆的措施。

（7）堆放预应力构件时，应根据构件起拱值的大小和堆放时间采取相应措施。

8.3.2 进场验收

构件进场后，检查人员应检查预制构件数量和质量证明文件和出厂标志（标志内容：构件编号、制作日期、合格状态、重量、生产单位等），就构件外观、编号、尺寸偏差、预埋件、吊环、吊点、预留洞的尺寸偏差等信息进行检查。经检查后一般缺陷修补，严重缺陷不得使用。构件的常见外观缺陷如表 3-5 所示，抽检应满足 JGJ 1-2014《装配式混凝土结构技术规程》中预制构件尺寸允许偏差要求。对同类构件，按同日进场数量的 5% 且不少于 5 件进行抽检，若少于 5 件则全部检查。检查工具：钢尺、靠尺、拉线、塞尺等。

对于楼梯，编号、生产日期等信息，测量楼梯段的宽度，预埋焊接钢板距边缘的距离，验收楼梯的厚度、台阶宽度、踏步高度、宽度、栏杆预埋件的位置如图 8-7 所示。

图 8-7 预制楼梯构件进场复检

对于阳台板，测量地漏距边的距离，测量锚固钢筋的长度，空调板的厚度。

对于叠合楼板应采集叠合楼板的编号、生产日期等信息，测量叠合板的长度、主筋的间距及数量，测量叠合板桁架钢筋距离叠合板板面的高度（此距离是为了保证预埋管从钢筋桁架下穿过），测量预埋套管的位置，测量预埋灯盒的距离。

8.3.3 构件堆放要求

预制构件进场后应按型号、构件所在部位、施工吊装顺序分别设置堆垛。构件的堆放应满足现场平面布置的要求，满足吊装的要求，满足构件强度的要求。各类构件应分别满足以下要求。

（1）预制实心墙板入场堆放要求：预埋吊件应朝上，标识宜朝向堆垛间的通道；构件支撑应坚实，垫块在构件下的位置与脱模、吊装时的起吊位置一致。

（2）预制柱、梁入场堆放要求：按照就近吊装原则的位置堆放，水平放置并用垫木支撑。

（3）叠合板入场堆放要求：预埋吊件应朝上，标识宜朝向堆垛间的通道。构件支撑应坚实，垫块在构件下的位置与脱模、吊装时的起吊位置一致。重叠堆放构件时，每层构件间的垫块应上下对齐，堆垛层数应根据构件、垫块的承载力确定，最多不超过 5 层，如图 8-8 所示。

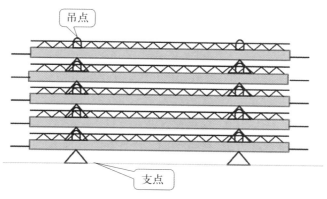

图 8-8　叠合板堆放

（4）墙板堆放应要求：当采用靠放架堆构件时，靠架应具有足够的承载力和刚度，与地面倾角宜大于 80°；墙板宜对称靠放且外饰面朝外，构件上部宜采用木垫块隔离。当采用插放架治理堆放构件时，宜采取直立运输方式，插件应具有足够的承载力和刚度，并应支垫稳固。当采取叠层平放的方式堆放构件时，应采取防止构件产生裂缝的措施。

第 *9* 章
装配式混凝土建筑预制构件施工

为了全面贯彻绿色、低碳发展理念,以建设绿色生态节能建筑为目标,推动住宅建筑工业化发展,依托科技进步和技术创新,全面提高建筑品质、效率,缩短工期,保护环境,节能减排,引导房地产业更好地可持续发展,建筑工程的产业化已经是行业发展的趋势。其突出特点就是在房屋建造的全过程中采用标准化、工厂化、装配化和信息化的工业化生产方式,并形成完整的一体化产业链,从而实现社会化的大生产。

装配式施工,就是指利用起重机械设备,将预先在构件加工厂预制好的钢筋混凝土构件,按照设计要求组装成完整的建筑结构或构筑物的过程。

在装配式施工中,如何合理选择适用的起重机械设备,降低构件加工、安装的难度,提高构件安装的质量,缩短安装时间,提高装配式建筑的整体性等,成为影响建筑工程产业化发展的主要因素。

本章主要围绕装配式吊装设备、装配式吊装施工、装配式节点接合施工等方面,阐述装配式结构吊装施工过程。

9.1 装配式结构吊装设备

预制构件吊装所用的机械和工具主要是起重设备和吊装索具。常用的起重设备有塔式起重机、履带式起重机、汽车式起重机等。吊装索具种类繁多,本节介绍几种目前常用的吊装索具。

9.1.1 吊装索具

1. 吊钩

吊钩按制造方法可分为锻造吊钩和片式吊钩。在建筑工程施工中,通常采用锻造吊钩,采用优质低碳镇静钢或低碳合金钢锻造而成,锻造吊钩又可分为单钩和双钩,如图 9 - 1(a)(b)所示。单钩一般用于小起重量,双钩多用于较大的起重量。单钩吊钩形式多样,建筑工程中常选用有保险装置的旋转钩,如图 9 - 1(c)所示。

2. 横吊梁

横吊梁俗称铁扁担、扁担梁,常用于梁、柱、墙板、叠合板等构件的吊装。用横吊梁吊运

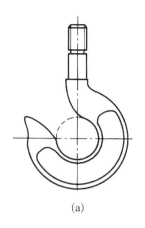 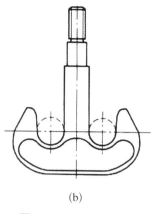 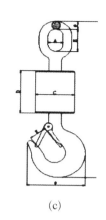

图 9-1 吊钩样式

(a) 单钩 (b) 双钩 (c) 保险装置

构件时,可以防止因起吊受力,对构件造成的破坏,便于构件更好地安装、校正。常用的横吊梁有框架吊梁、单根吊梁,如图 9-2、图 9-3 所示。

图 9-2 框架吊梁

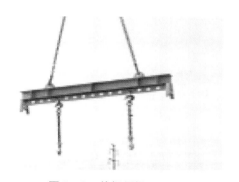

图 9-3 单根吊梁

3. 铁链

用来起吊轻型构件,拉紧缆风绳及拉紧捆绑构件的绳索等,如图 9-4 所示。目前,受国内部分起重设备行程精度的限制,可采用铁链进行构件的精确就位。

4. 吊装带

目前使用的常规吊装带(合成纤维吊装带),一般采用高强度聚酯长丝制作。根据外观分为:环形穿芯、环形扁平、双眼穿芯、双眼扁平四类,吊装能力在 1~300 t 之间,如图 9-5 所示。

图 9-4 铁链

一般采用国际色标来区分吊装带的吨位,紫色为 1 t,绿色为 2 t,黄色为 3 t,灰色为 4 t,红色为 5 t,橙色为 10 t 等。对于吨位大于 12 t 的均采用橘红色进行标识,同时带体上均有荷载标识标牌。

图 9‐5　吊装带

5. 卡环

卡环用于吊索之间或吊索与构件吊环之间的连接。由弯环与销子两部分组成，如图 9‐6 所示。

按弯环形式分，有 D 形卡环和弓形卡环；按销子与弯环的连接形式分，有螺栓式卡环和活络卡环。螺栓式卡环的销子和弯环采用螺纹连接；活络式卡环的孔眼无螺纹，可直接抽出。螺栓式卡环使用较多，但在柱子吊装中多采用活络式卡环。

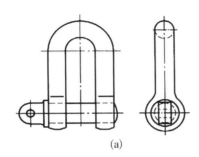
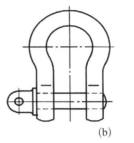

（a）　　　　　　　　　　　　　　　（b）

图 9‐6　卡环

（a）D 形卸扣　（b）弓形卸扣

6. 新型索具（接驳器）

近些年出现了几种新型的专门用于连接新型吊点（圆形吊钉、鱼尾吊钉、螺纹吊钉）（见图 9‐7）的连接吊钩，或者用于快速接驳传统吊钩。具有接驳快速、使用安全等特点。国外生产厂家以德国哈芬、芬兰佩克为代表，国内的生产厂家以深圳营造为代表。

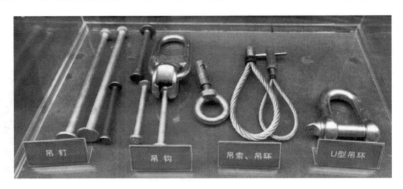

图 9‐7　新型连接吊钩

9.1.2　吊装起重设备

1. 汽车式起重机

1）汽车式起重机的类型

汽车式起重机将起重机构安装在普通载重汽车或专用汽车底盘上的起重机。汽车式起重机的机动性能好。运行速度快,对路面的破坏性小,但不能负荷行驶,吊重物时必须支腿,对工作场地的要求较高,如图 9-8、图 9-9 所示。

图 9-8　汽车式起重机　　　　　　　图 9-9　汽车式起重机吊装

汽车式起重机按起重量大小分为轻型、中型和重型三种。起重量在 20 t 以内的为轻型,起重量在 50 t 及以上的为重型;按起重臂形式分为桁架臂和箱形臂两种;按传动装置形式分为机械传动(Q)、电力传动(QD)、液压传动(QY)。目前,液压传动的汽车式起重机应用较广。

2) 汽车式起重机的使用要点

(1) 应遵守操作规程及交通规则。作业场地应坚实平整。

(2) 作业前,应伸出全部支腿,并在撑脚下垫上合适的方木。调整机体,使回转支撑面的倾斜度在无荷载时不大于 1/1 000。支腿有定位销的应插上。底盘为弹性悬挂的起重机,伸出支腿前应收紧稳定器。

(3) 作业中严禁扳动支腿操纵阀。调整支腿应在无载荷时进行。

(4) 起重臂伸缩时,应按规定程序进行,当限制器发出警报时,应停止伸臂,起重臂伸出后,当前节臂杆的长度大于后节伸出长度时,应调整正常后,方可作业。

(5) 作业时,汽车驾驶室内不得有人,发现起重机倾斜、不稳等异常情况时,应立即采取措施。

(6) 起吊重物达到额定起重量 90% 以上时,严禁同时进行两种及以上的动作。

(7) 作业后,收回全部起重臂,收回支腿,挂牢吊钩,撑牢车架尾部两撑杆并锁定。销牢锁式制动器,以防旋转。

(8) 行驶时,底盘走台上严禁载人或物。

2. 履带式起重机

1) 履带式起重机的类型

履带式起重机是在行走的履带底盘上装有起重装置的起重机械。主要由动力装置、传动装置、行走机构、工作机械、起重滑车组、变幅滑车组及平衡重等组成。它具有起重能力较大、自行式、全回转、工作稳定性好、操作灵活、使用方便、在其工作范围内可载荷行驶作业、对施工场地要求不严等特点。它是结构安装工程中常用的起重机械,如图 9-10

图 9 - 10　履带式起重机施工中

所示。

履带式起重机按传动方式不同可分为：机械式、液压式(Y)和电动式(D)三种。

2）履带式起重机的使用要点

（1）驾驶员应熟悉履带式起重机技术性能，启动前应按规定进行各项检查和保养。启动后应检查各仪表指示值及运转是否正常。

（2）履带式起重机必须在平坦坚实的地面上作业，当起吊荷载达到额定重量的 90% 及以上时，工作动作应慢速进行，并禁止同时进行两种及以上动作。

（3）应按规定的起重性能作业，严禁超载作业，如确需超载时应进行验算并采取可靠措施。

（4）作业时，起重臂的最大仰角不应超过规定，无资料可查时，不得超过 78°，最低不得小于 45°。

（5）采用双机抬吊作业时，两台起重机的性能应相近；抬吊时统一指挥，动作协调，互相配合，起重机的吊钩滑轮组均应保持垂直。抬吊时单机的起重载荷不得超过允许载荷值的 80%。

（6）起重机带载行走时，载荷不得超过允许起重量的 70%。

（7）负载行走时道路应坚实平整，起重臂与履带平行，重物离地不能大于 500 mm，并拴好拉绳，缓慢行驶，严禁长距离带载行驶，上下坡道时，应无载行驶。上坡时，应将起重臂扬角适当放小，下坡时应将起重臂的仰角适当放大，严禁下坡空挡滑行。

（8）作业后，吊钩应提升至接近顶端处，起重臂降至 40°～60°，关闭电门，各操纵杆置于空挡位置，各制动器加保险固定，操纵室和机棚应关闭门窗并加锁。

（9）遇大风、大雪、大雨时应停止作业，并将起重臂转至顺风方向。

3）履带式起重机的验算

履带式起重机在进行超负荷吊装或接长吊杆时，需进行稳定性验算，以保证起重机在吊装中不会发生倾覆事故。履带式起重机在车身与行驶方向垂直时，处于最不利工作状态，稳定性最差，如图 9 - 11 所示，此时履带的轨链中心 A 为倾覆中心，起重机的安全条件为：当仅考虑吊装荷载时，稳定性安全系数 $K_1 = M_稳/M_倾 = 1.4$；当考虑吊装荷载及附加荷载时，稳定性安全系数 $K_2 = M_稳/M_倾 = 1.15$。

当起重机的起重高度或起重半径不足时，可将起重臂接长，接长后的稳定性计算，可近似地按力矩等量换算原则求出起重臂接臂后的允许起重量(见图 9 - 12)，则接长起重臂后，吊装荷载不超过 Q'_t，即可满足稳定性的要求。

3. 塔式起重机

1）塔式起重机的类型

塔式起重机是把吊臂、平衡臂等结构和起升、变幅等机构安装在金属塔身上的一种起重机，其特点是提升高度高、工作半径大、工作速度快、吊装效率高等。

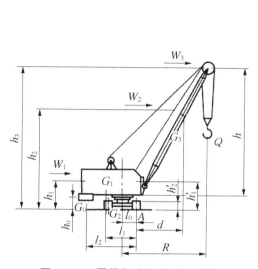

图 9 - 11　履带起重机稳定性验算

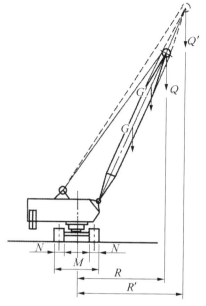

图 9 - 12　用力矩等量转换原则计算起重机

塔式起重机按行走机构、变幅方式、回转机构位置及爬升方式的不同可分成轨道式、附着式和内爬式三种。目前,应用最广的塔式起重机如图 9 - 13、图 9 - 14 所示。

图 9 - 13　施工中的塔吊

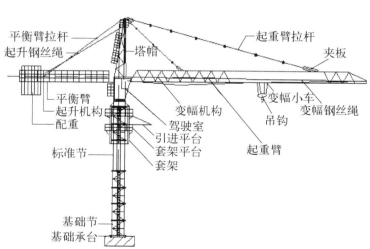

图 9 - 14　自升塔式起重机

2）塔式起重机的使用要点

（1）塔式起重机作业前应进行下列检查和试运转：各安全装置、传动装置、指示仪表、主要部位连接螺栓、钢丝绳磨损情况、供电电缆等必须符合有关规定；按有关规定进行试验和试运转。

（2）当同一施工地点有两台以上起重机时,应保持两机间任何接近部位(包括吊重物)距离不得小于 2 m。

（3）在吊钩提升、起重小车或行走大车运行到限位装置前,均应减速缓行到停止位置,并应与限位装置保持一定距离;吊钩不得小于 1 m,行走轮不得小于 2 m。严禁采用限位装置作为停止运行的控制开关。

（4）动臂式起重机的起升、回转、行走可同时进行,变幅应单独进行。每次变幅后应对变幅部位进行检查。允许带载变幅的,当载荷达到额定起重量的 90% 及以上时,严禁变幅。

（5）提升重物,严禁自由下降。重物就位时,可采用慢就位机构或利用制动器使之缓慢下降。

（6）提升重物作水平移动时,应高出其跨越的障碍物 0.5 m 以上。

（7）装有上下两套操纵系统的起重机,不得上下同时使用。

（8）作业中如遇大雨、雾、雪及六级以上大风等恶劣天气,应立即停止作业,将回转机构的制动器完全松开,起重臂应能随风转动。对轻型俯仰变幅起重机,应将起重臂落下并与塔身结构锁紧在一起。

（9）作业中,操作人员临时离开操纵室时,必须切断电源。

（10）作业完毕后,起重臂应转到顺风方向,并松开回转制动器,小车及平衡重应置于非工作状态,吊钩宜升到离起重臂顶端 2~3 m 处。

（11）停机时,应将每个控制器拨回零位,依次断开各开关,关闭操纵室门窗,下机后,使起重机与轨道固定,断开电源总开关,打开高空指示灯。

（12）动臂式和尚未附着的自升式塔式起重机,塔身上不得悬挂标语牌。

9.2 框架结构预制构件施工

按照标准化进行设计,根据结构、建筑的特点将预制框架柱、预制叠合梁、楼 SP 板、楼梯、墙体等构件进行拆分,并制定生产及吊装顺序,在工厂内进行标准化生产,现场采用汽车吊车及塔吊进行构件安装,其工艺流程如图 9-15 所示。

预制框架柱纵向钢筋连接采用半灌浆套筒连接,预制框架柱钢筋定位通过自制的固定钢模具进行调整。

预制框架柱与预制框架预应力预制叠合梁,节点采用现浇混凝土,模板采用铝模支护,钢筋采用锚固搭接。

9.2.1 准备工作

1. 技术资料准备

1）技术准备要点

（1）根据工程项目的构件分布图,制定项目的安装方案,并合理地选择吊机的型号和机位。

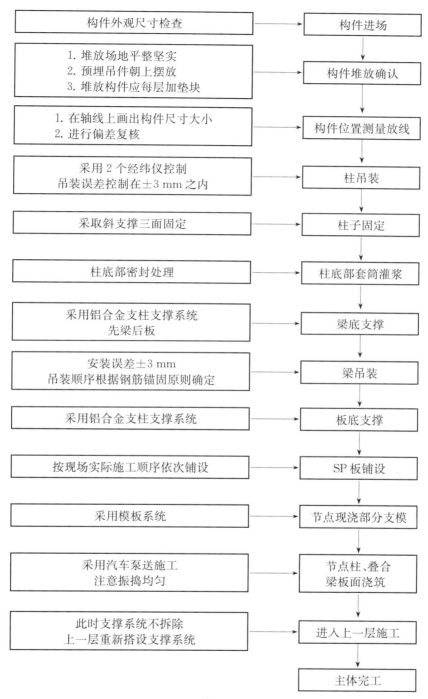

图 9 - 15　预制装配式框架施工流程

（2）根据吊机的位置和临时堆场设置情况,规划临时运输道路。

（3）构件临时堆场应尽可能地设置在吊机的辐射半径内,减少现场的二次搬运,同时构件临时堆场应平整坚实,有排水设施。

图 9-16 吊具的准备

（4）预制楼板应考虑水电管线预留位置、管线直径、线盒位置、尺寸，留槽位置等因素。

2）吊装前准备

（1）所有构件吊装前必须在基层或者相关构件上将各个截面的控制线放好，利于提高吊装效率和控制质量。

（2）预制构件吊装前根据构件类型准备吊具，如图 9-16 所示。加工模数化通用吊装梁，数化通用吊装梁根据各种构件吊装时不同的起吊点位置，设置模数化吊点，确保预制构件在吊装时钢丝绳保持竖直，避免产生水平分力导致构件旋转问题。

（3）预制构件进场存放后根据施工流水计划在构件上标出吊装顺序号，标注顺序号与图纸上序号一致。构件的进场顺序应该根据现场安装顺序进场，进入现场的构件应该进行严格的检查，检查外观质量和构件的型号规格是否符合安装顺序。

（4）构件吊装前必须整理吊具，对吊具进行安全检查，这样可以保证吊装质量同时也保证吊装安全。

（5）构件吊装之前，需要将所有埋件埋设准确，连接面清理干净。

2.现场准备

1）构件的运输

（1）制定运输方案，其内容包括构件单元划分、运输时间（根据吊装计划统一协调）、运输构件堆放符合规范要求，并对成品构件边角做好保护措施，并在每个送货车上标注构件的信息资料。

（2）根据施工现场的吊装计划，提前一天将次日所需型号和规格的预制构件发运至施工现场。在运输前应按清单仔细核对预制构件的型号、规格、数量是否相符。

（3）运输车辆可采用大吨位卡车或平板拖车。装车时先在车厢底板上铺两根 100 mm×100 mm 的通长木方，木方上垫 15 mm 以上的硬橡胶垫或其他柔性垫，根据预制板的尺寸合理放置板之间的支点方木，同时应保证板与板之间应接触面平整，受力均匀。

（4）构件运输时应提前熟悉运输路线，仔细查看沿途路况，应选择路况好的道路作为运输路线。在运输过程中，车辆应行驶平稳，避免紧急制动、猛加速、车辆颠簸等情况，保证构件在运输过程中不受到外力影响，造成构件断裂、裂纹、掉角等现象。

（5）预制构件根据其安装状态受力特点，指定有针对性的运输措施，保证运输过程构件不受损坏。

2）构件的堆放

（1）预制构件进场严格按照现场平面布置堆放构件，按计划码放在临时堆场上。临时堆放场地应设在塔吊起重的作业范围内。预制混凝土构件与地面或刚性搁置点之间应设置柔性垫片，预埋吊环宜向上，标识向外，垫木位置宜与吊装时起吊位置一致；叠放构件的垫木应在同一直线上并上下垂直。预制构件堆放时，保证较重构件放在靠近塔吊一侧。

（2）根据施工进度情况，为保证工序连接，要求施工现场提前存放相应数量的预制构件。预制构件运至现场后，根据总平面布置进行构件存放，构件存放应按照吊装顺序及流水段配套堆放。

（3）预制构件进场后必须按照吊装单元堆放，堆放时核对本单元预制构件数量、型号、保证单元预制构件就近堆放。

（4）预制柱、梁入场的堆放要求：① 按照规格、品种、所用部位、吊装顺序分别堆放；运输道路及堆放场地平整、坚实，并有排水措施；② 预制框架柱堆放最高2 层柱、垫木位于柱长度 1/4 位置处，如图 9-17 所示。

图 9 - 17　预制柱现场堆放

（5）预制叠合板的堆放要求：① 预埋吊件应朝上，标识宜朝向堆垛间的通道；② 构件支撑应坚实，垫块在构件下的位置与脱模、吊装时的起吊位置一致；③ 重叠堆放构件时，每层构件间的垫块应上下对齐，堆垛层数应根据构件、垫块的承载力确定，最多不超过 5 层，如图 9-18 所示。

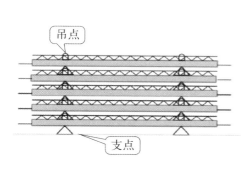

图 9 - 18　叠合板现场堆放

3）构件的验收

（1）根据结构图纸，进行预制构件的尺寸复核，重点检查预制构件的尺寸是否与框架梁的位置相符，预制楼梯段的加工尺寸是否与楼梯梁位置、尺寸相符。

（2）检查预制构件数量、质量证明文件和出厂标识，预制构件进入现场应有产品合格证、出场检验报告，每个构件应有独立的构件编号，进场构件按进场的批次进行重量抽样检查，检验结果符合要求预制构件方可使用。

（3）预制构件进场检查除了以上数量和质量证明文件的检查以外，还需对预制构件尺寸进行检查，如表 9-1 所示。

（4）进行预制构件还应进行外观质量检查，一般缺陷修补，严重缺陷不得使用。具体处理方法可参照表 9-2。

表9-1 构件尺寸允许偏差

项 目		允许偏差/mm	检 查 方 法
预制柱	长度	±5	钢尺检查
	宽度	±5	钢尺检查
	弯曲	L/750且≤20	拉线、钢尺量最大侧向弯曲处
	表面平整	4	2m靠尺和塞尺检查
预制梁	高度	±5	钢尺检查
	长度	±5	钢尺检查
	弯曲	L/750且≤20	拉线、钢尺量最大侧向弯曲处
	表面平整	4	2m靠尺和塞尺检查

注:(1)检查数量:对同类构件,按同日进场数量的5%且不少于5件抽查,少于5件则全数检查。
　　(2)检查方法:钢尺、拉线、靠尺、塞尺检查。

表9-2 预制构件外观质量缺陷

名称	现　象	严 重 缺 陷	一 般 缺 陷
露筋	构件内钢筋未被混凝土包裹而外露	主筋有露筋	其他钢筋有少量露筋
蜂窝	混凝土表面缺少水泥砂浆面形成石子外露	主筋部位和搁置点位置有蜂窝	其他部位有少量蜂窝
孔洞	混凝土中孔穴深度和长度均超过保护层厚度	构件主要受力部位有孔洞	不应有孔洞
夹渣	混凝土中夹有杂物且深度超过保护层厚度	构件主要受力部位有夹渣	其他部位有少量夹渣
疏松	混凝土中局部不密实	构件主要受力部位有疏松	其他部位有少量疏松
裂缝	缝隙从混凝土表面延伸至混凝土内部	构件主要受力部位有影响结构性能或使用功能的裂缝	其他部位有少量不影响结构性能或使用功能的裂缝
裂纹	构件表面的裂纹或者龟裂现象	预应力构件受拉侧有影响结构性能或使用功能的裂纹	非预应力构件有表面的裂纹或者龟裂现象
连接部位缺陷	构件连接处混凝土缺陷及连接钢筋、连接件松动,灌浆套筒未保护	连接部位有影响结构传力性能的缺陷	连接部位有基本不影响结构传力性能的缺陷
外形缺陷	内表面缺棱掉角、棱角不直、翘曲不平等;外表面面砖黏结不牢、位置偏差、面砖嵌缝没有达到横平竖直、面砖表面翘曲不平	清水混凝土构件有影响使用功能或装饰效果的外形缺陷	其他混凝土构件有不影响使用功能的外形缺陷
外表缺陷	构件内表面麻面、掉皮、起砂、沾污等;外表面面砖污染、预埋门窗破坏	具有重要装饰效果的清水混凝土构件、门窗框有外表缺陷	其他混凝土构件有不影响使用功能的外表缺陷,门窗框不宜有外表缺陷

注:一般缺陷,应由预制构件生产单位或施工单位进行修整处理,修整技术处理方案应经监理单位确认后实施,经修整处理后的预制构件应重新检查。

现场管理对预制构件重点检查项目：① 支撑点位预埋堵头是否取出；② 灌浆孔是否通畅，如图 9 - 19 所示。

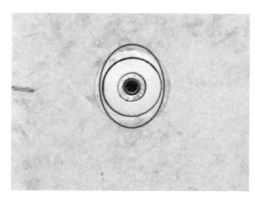

图 9 - 19　预制构件检查项目

3. 施工准备

施工准备主要针对安装施工过程需要的人、工具、机械设备的准备，主要包括以下内容。

1）施工机具准备

考虑到某工程现场 PC 吊装单板最重达 4.69 t，且最重板材位于号楼东西两侧，拟考虑 1～7 号楼每幢单体设置一台塔吊，并均大致设置于号楼中部位置，并将临时板材卸点及堆场设置于以塔机位置为中心，以最重板材位置与塔机位置距离半径的范围内，以此方式使塔吊的起重能力得到最合理的发挥。由于板材的卸货、吊装均将使用塔吊，塔吊的使用频率较高。该塔吊布置方案可满足本工程板块卸货、吊装的使用要求。根据工程实际情况选择60 t 汽车吊，所需工具如表 9 - 3、表 9 - 4 所示。

表 9 - 3　吊装工具用具

序号	名　称	图　片	序号	名　称	图　片
1	铁扁担		5	靠尺	
2	吊装带		6	电动扳手	
3	铁链		7	撬棍	
4	吊钩		8	螺栓	

（续表）

序号	名　称	图　片	序号	名　称	图　片
9	膨胀螺丝		15	对讲机	
10	专用千斤顶		16	经纬仪	
11	可调节钢支撑		17	水准仪	
12	爬梯		18	塔尺	
13	冲击钻		19	小锤	
14	镜子		20	卷尺	

表 9-4　套筒灌浆工具用具材料

序号	名　称	图　片	序号	名　称	图　片
1	电动灌浆机		5	30 L 塑料水桶	
2	0.7 L 手动灌浆枪	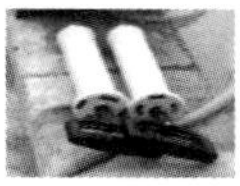	6	测温仪	
3	冲击转式砂浆搅拌		7	刻度杯 2 L/5 L	
4	$\varphi300 \times H400$，30 L 不锈钢桶		8	50 cm×50 cm 玻璃板	

(续表)

序号	名　称	图　片	序号	名　称	图　片
9	电子秤		15	螺丝刀	
10	三联模 $40×40×160$		16	温度计	
11	圆截型试模 $\varphi70×\varphi100×60$		17	灌浆料	
12	专用橡胶塞		18	封仓料	
13	海绵		19	PVC 管	
14	筛子				

2) 人员准备

对于管理人员及作业人员,可选择已在上海、安徽、绍兴等地实施过多个 PC 工程项目,相关管理人员技术成熟,经验丰富,作业人员操作熟练,具备全面的 PC 工程施工知识,挑选最好的 PC 施工作业队伍进行 PC 部分施工。

9.2.2　构件安装施工

1. 预制框架柱安装

1) 预制框架柱施工安装操作流程(见图 9-20)

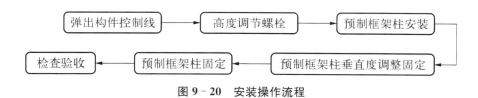

图 9-20　安装操作流程

2) 预制框架柱吊装准备

(1) 吊装前对预制框架柱子四个面进行定位放线,确定底面钢筋位置、规格与数量、几何形状和尺寸是否与定位钢模 SP 板一致,测量预制框架柱底面标高控制件预埋螺丝标高,并满足要求。

(2) 预制框架柱采用一点慢速起吊,使预制框架柱吊升中所受震动较小,并在预制框架柱起吊中用木方保护。

(3) 对位与临时固定,预制框架柱起吊后,停在预留筋上 30～50 mm 处进行对位,使预制框架柱的套筒与预留钢筋吻合,并采用提前预埋的螺栓控制 2 cm 施工拼缝,调整垂直误差控制在 2 mm 之内,最后采用三面斜支撑将其固定。预制框架柱垂直偏差的检验用两架经纬仪去检查预制框架柱吊装准线的垂直度。

(4) 预制框架柱吊装顺序,采用单元吊装模式并沿着轴线长方向进行。

(5) 吊装完毕后对预制框架柱底部 2 cm 缝隙进行封仓和灌浆处理。

3) 施工要点

(1) 弹出构件轮廓控制线,并对连接钢筋进行位置再确认:① 对柱基层进行浮灰剔凿清理;② 钢筋除泥浆(柱垛浇筑前可采用保鲜膜保护);③ 对同一层内预制柱弹轮廓线,控制累计误差在 ±2 mm 内,如图 9 - 21 所示;④ 采用钢模具对钢筋位置进行确认,如图 9 - 22 所示。

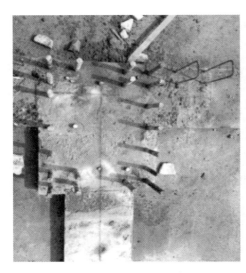
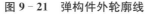

图 9 - 21　弹构件外轮廓线　　　　　图 9 - 22　钢模具检查钢筋位置

(2) 预埋高度调节螺栓:① 吊装前用水冲洗,使基层构件线清晰;② 利用水准仪对三个预埋螺丝标高进行调节,达到标高要求,如图 9 - 23 所示;③ 确认构件安装区域内无高度超过 2 cm 杂物。

(3) 预制框架柱安装:① 吊机起吊下放时应平稳,并先对准引导钢筋;② 柱的四个面放置镜子,观察基层钢筋是否插入预制构件的套筒内,如图 9 - 24 所示;③ 查看构件与基层是否满足 2 cm 缝隙要求,如不满足继续调整。

图 9‑23　调节预埋螺栓高度

图 9‑24　预制柱安装

（4）预制框架柱固定：① 采用斜支撑对柱子进行三面固定，如图 9‑25 所示；② 三面支撑完成后，撤掉吊车吊钩。

（5）预制框架柱验收：① 采用 2 个经纬仪，通过基层轴线对构件的垂直度进行测设，如图 9‑26 所示；② 对垂直度调整，通过斜支撑可调节螺栓调整（1～11 cm）。

4）灌浆制备以及施工

灌浆制备以及施工流程如图 9‑27 所示。

（1）预制框架柱封仓前准备：① 用气泵压缩空气检查每个灌浆孔、出浆孔，确保无杂质并且保持畅通，如图 9‑28 所示；② 用吹风机对柱基底进行二次清理；③ 封仓前对封仓缝进行湿润，如图 9‑29 所示。

（2）预制框架柱封仓有以下两种方法：

方法一：专用的封浆料，填抹大约 1.5～2 cm 深（确保不堵套筒孔），一段抹完后抽出内

图 9 - 25　预制框架柱的固定

图 9 - 26　预制框架柱的检查

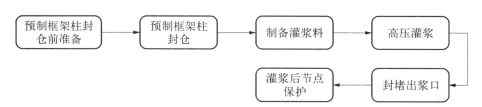

图 9 - 27　灌浆施工流程

图 9 – 28　检查灌浆孔　　　　　　图 9 – 29　灌浆孔的湿润

衬进行下一段填抹,如图 9 – 30 所示。常温下 24 h,30 MPa 后,才可进行其他作业。

方法二:当细缝大于 2 cm 以上,为确保不爆仓,先用缝浆料封仓,待 24 h 后,采用木模板加 1 cm 泡沫板支护方式封堵,如图 9 – 31 所示。模板与柱连接面采用软性连接。

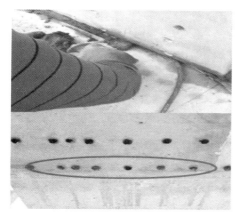

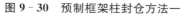

图 9 – 30　预制框架柱封仓方法一　　　　图 9 – 31　预制框架柱封仓方法二

(3)制备灌浆料:① 灌浆料制备流程,如图 9 – 32 所示;② 灌浆料的质量控制:严格按照出厂水料比制作,用电子秤计量灌浆料,刻度杯计量水;先放水在放 70% 的料,进行搅拌,搅拌 1～2 min 大致均匀后,再将剩余料加入,并搅拌 3～4 min 彻底均匀;要确保灌浆料 30 min 内使用完成。

(4)预制框架柱灌浆:① 灌浆泵(枪)使用前用水先清洗;② 灌浆料数量应满足:一桶可灌浆使用;一桶正在静置排气泡;一桶正在准备搅拌;③ 灌浆料倒入机器,并用滤网过滤掉大颗粒;④ 从接头下方的灌浆孔处向套筒内压力灌浆;⑤ 只能选择一个灌浆孔灌浆,不能选择两个以上的孔;同一个仓位要连续灌浆,不得中途停顿,如图 9 – 33 所示。

(5)封堵出浆口:① 接头灌浆时,待上方的排气孔连续流出浆料后,用专用橡胶塞封堵,如图 9 – 34 所示;② 按照浆料排出先后顺序,依次进行封堵灌排浆孔,封堵时灌浆泵(枪)要一直保持压力;③ 直至所有灌排浆孔出浆并封堵牢固,然后在停止灌浆;④ 在浆料初凝前

图 9－32　灌浆料制备过程

(a) 检查材料是否受潮并称重　(b) 检查水温　(c) 确定用水量　(d) 第一次搅拌加 70％料
(e) 第二次搅拌加 30％料　(f) 静置 2～3 min　(g) 流动性检测　(h) 强度试块

图 9－33　预制框架柱孔道灌浆

图 9－34　预制框架柱孔道封堵

检查灌浆接头,对漏浆处进行及时处理。

（6）灌浆后节点保护:灌浆料强度未达到 35 MPa 时,不得受扰动,满足表 9－5 的要求。

表 9－5　灌浆后砂浆强度要求

温　　度	时　　间	强　　度
15℃	24 h 内	35 MPa
5～15℃	48 h 内	
5℃以下,对构件接头部位采取加热保温措施	要保持 5℃以上至少 48 h	

2. 预制叠合梁板安装

1) 预制叠合梁板的吊装施工流程(见图 9－35)

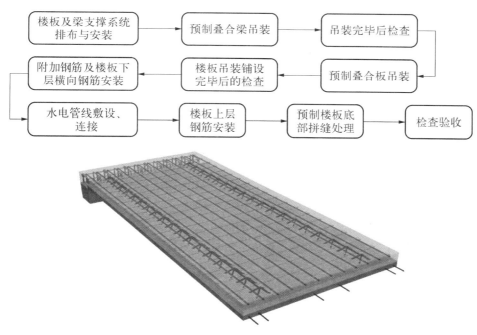

图 9-35　预制叠合梁板的施工流程

2）预制叠合梁板的施工准备

（1）钢支撑施工准备：① 认真编制独立可调式钢支撑的施工方案和做好施工操作安全、技术交底资料；② 组织独立可调式钢支撑的材料进场，进场后按计划堆放；③ 叠合墙板安装完成后开始搭设，安装钢支柱必须严格按照设计方案放线安装。

（2）预制叠合梁的吊装：① 吊装前在预制框架柱上弹出预制叠合梁控制边线；② 预制叠合梁吊装顺序根据钢筋搭接的上下位置关系确定的吊装的原则。

（3）预制叠合板的吊装：① SP 板吊装顺序依次铺开，不宜间隔吊装；② 根据施工图纸，检查叠合板构件类型，确定安装位置，并对叠合板吊装顺序进行编号；③ 根据施工图纸，弹出叠合板水平及标高控制线，同时对控制线进行复核。

3）施工要点

（1）支撑体系安装：

① 钢支撑安装流程，如图 9-36 所示：按尺寸放置钢支柱；放置钢支柱折叠三脚架；调整钢支柱上部支撑头高度；安装工字梁；微调高度并固定。

图 9-36　支撑体系安装流程

a. 支撑体系在预制框架柱安装完成后开始搭设，如图 9－37 所示；

图 9－37　支撑体系安装

b. 梁、楼板支撑体系工字梁设置方向垂直于叠合楼板内格构梁的方向。梁底边支座不得大于 500 mm，间距不大于 1 200 mm；

c. 起始支撑设置根据叠合板与边支座的搭设长度来决定，当叠合板边与边支座的搭接长度大于或等于 40 mm 时，楼板边支座附近 1.5 m 内无需设置支撑，当叠合板与边支座的搭接长度小于 35 mm 时，需在楼板边支座附近 200～500 mm 范围内设置一道支撑体系；

d. 梁、楼板的支撑体系必须有足够的强度和刚度，楼板支撑体系的水平高度必须达到精准的要求，以保证楼板浇筑成型后底面平整，跨度大于 4 m 时中间的位置要适当起拱。

② 质量控制要点：

a. 楼层上下层钢支柱应在同一中心线上，独立钢支柱水平横纵向应与梁低脚手架承重支撑的水平横纵杆连接；

b. 调节钢支柱的高度应该留出浇筑荷载所形成的变形量，跨度大于 4 m 时中间的位置要适当起拱；

c. 支架立杆应竖直设置，2 m 高度的垂直允许偏差为 15 mm；

d. 当梁支架立杆采用单根立杆时，立杆应设在梁模板中心线处，其偏心距不应大于 15 mm。

（2）预制叠合梁吊装：

① 测量放线：

a. 根据引入施工作业区的标高控制点，用水平仪测设出叠合梁安装位置处的水平控制线，水平线宜设在作业区 1 m 处的外墙板上，同一作业区的水平控制线应该重合，根据水平控制线弹出叠合梁梁底位置线；

b. 根据轴线、外墙板线，将梁端控制线用线锤、靠尺、经纬仪等测量方法引至外墙板上构件起吊前对照图纸复核构件的尺寸、编号。

② 梁底支撑搭设：

a. 根据构件位置及方案线确定支撑位置及数量；

b. 对支撑高度进行调整；

c. 待叠合梁吊装完成后在防止三脚架固定。

③ 叠合梁吊运安装：

a. 根据结构图按照设计说明给出的吊装顺序吊装。整体吊装原则：先主梁再次梁，根

据钢筋搭接顺序,谁的钢筋在下谁先吊装,如图 9‑38 所示;

梁位置细部木塞调节

图 9‑38　叠合梁安装

b. 根据预埋件确定两点吊装。两点吊装,吊索水平夹角不宜小于 45°;

c. 叠合梁安装过程通过线坠及位置控制线调整高度及位置;

d. 将梁放入已经支好的支撑结构上,并微调梁的左右位置;

e. 梁安装完毕后再次确认下支撑与梁底是否牢固接触。

(3)预制叠合楼板吊装。

① 吊装前与叠合板生产厂家沟通好叠合板的供应,确保吊装顺利进行。

② 楼板吊装前应将支座基础面及楼板底面清理干净,避免点支撑。

③ 吊装时先吊铺边缘窄板,然后按照顺序吊装剩下板块。

④ 叠合板起吊时,必须采用模数化吊装梁吊装,要求吊装时四个吊点均匀受力,起吊缓慢保证叠合板平稳起吊,如图 9‑39 所示。每块楼板起吊用 4 个吊点,吊点位置为格构梁上

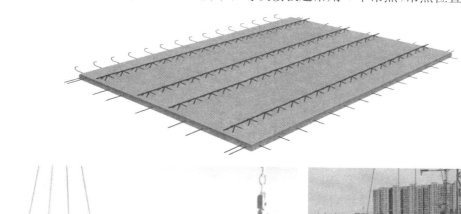

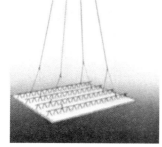

图 9‑39　叠合板起吊

弦与腹筋交接处,距离板端为整个板长的 1/5～1/4。

⑤ 吊装锁链采用专用锁链和 4 个闭合吊钩,平均分担受力,多点均衡起吊,单个锁链长度为 4 m。

⑥ 每块 SP 板吊装就位后偏差不得大于 3 mm,累计误差不得大于 10 mm,如图 9 - 40 所示。

⑦ 叠合板吊装过程中,在作业层上空 300 mm 处略作停顿,根据叠合板位置调整叠合板方向进行定位。吊装过程中注意避免叠合板上的预留钢筋与框架柱上的竖向钢筋碰撞,叠合板停稳慢放,以免吊装放置时冲击力过大导致板面损坏。

图 9 - 40　吊装定位控制　　　　图 9 - 41　吊装完成

⑧ 叠合板就位校正时,采用楔形小木块嵌入调整,不得直接使用撬棍调整,以免出现板边损坏,如图 9 - 41 所示。

⑨ 预制叠合板施工中的成品保护:

a. 与预制叠合板进场堆放时每层之间采用垫木应垫放在起吊点位置下方;

b. 吊装叠合板以及叠合板混凝土浇筑前,需对叠合板的叠合面及桁架钢筋进行检查验收,桁架钢筋不得变形、弯曲;

c. 叠合板吊装完成后,不得集中堆放重物,施工人员不得集中站人,不得在叠合板上蹦跳、重击,以免造成叠合板损坏。

(4) 附加钢筋安装:楼板铺设完毕后,板的下边缘不应该出现高低不平的情况,也不应出现空隙,局部无法调整避免的支座处出现的空隙用做封堵处理,支撑可以做适当调整,使板的底面保持平整、无缝隙。

预制楼板安装调平后,即可进行附加钢筋及楼板下层横向钢筋的安装,具体安装根据招标方提供图纸进行,钢筋均应由施工单位提前加工制作,并现场安装。

(5) 水电管线敷设及预埋。

① 叠合板部位的机电线盒和管线根据深化设计图纸要求,布设机电管线,如图 9 - 42 所示;

② 楼板上层钢筋安装完成后,进行水电管线的敷设与连接工作,为便于施工,叠合板在工厂生产阶段已将相应的线盒及预留洞口等按设计图纸预埋在预制板中,施工过程中各方必须做好成品保护工作;

③ 待机电管线铺设完毕清理干净后,根据在叠合板上方钢筋间距控制线进行钢筋绑扎,保证钢筋搭接和间距符合设计要求。同时利用叠合板桁架钢筋作为上部钢筋的马凳,确

图 9 - 42　水电管线敷设及预理

保上部钢筋的保护层厚度。

（6）楼板上层钢筋安装（见图 9 - 43）。

图 9 - 43　楼板上层钢筋安装

① 水电管线敷设完毕后，钢筋工即可进行楼板上层钢筋的安装；

② 楼板上层钢筋设置在格构梁上弦钢筋上并绑扎固定，以防止偏移和混凝土浇筑时上浮；

③ 对已铺设好的钢筋、模板进行保护，禁止在底模上行走或踩踏，禁止随意扳动、切断格构钢筋。

（7）预制楼板底部接缝处理如图 9 - 44 所示：在墙板和楼板混凝土浇筑之前，应派专人对预制楼板底部拼缝及其与墙板之间的缝隙进行检查，对一些缝隙过大的部位进行支模封堵处理，以免影响混凝土的浇筑质量。待钢筋隐检合格，叠合面清理干净后浇筑叠合板混凝土。

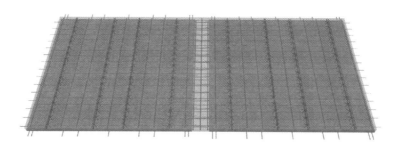

图 9 - 44　预制楼板底部接缝处理

① 对叠合板面进行认真清扫,并在混凝土浇筑前进行湿润;

② 叠合板混凝土浇筑时,为了保证叠合板及支撑受力均匀,混凝土浇筑采取从中间向两边浇筑,连续施工,一次完成。同时使用平板振动器振捣,确保混凝土振捣密实;

③ 根据楼板标高控制线,控制板厚,浇筑时采用 2 m 刮杠将混凝土刮平,随即进行混凝土收面及收面后拉毛处理;

④ 混凝土浇筑完毕后立即进行塑料薄膜养护,养护时间不得少于 7 天。

(8) 检查验收:上述所有工作都完成以后,施工单位质检人员应先对其进行全面检查,自检合格后,报监理单位(或业主单位)进行隐蔽工程验收;经验收合格,方可进行下道工序施工。

3. 预制楼梯安装

1) 楼梯安装操作流程(见图 9-45)

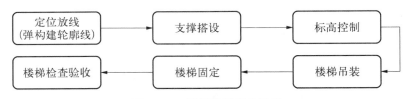

图 9-45　楼梯安装操作流程

2) 施工准备

熟悉图纸,检查核对构件编号,确定安装位置,并对吊装顺序进行编号。

3) 弹控制线

根据施工图纸,弹出楼梯安装控制线,对控制线及标高进行复核。楼梯侧面距结构墙体预留 10 mm 孔隙,为后续塞防火岩棉预留空间。

4) 施工操作

(1) 在楼梯段上下口梯梁处铺 15 mm 厚水泥砂浆找平,上铺 5 mm 厚聚乙烯板,砂浆找平层标高要控制准确。

(2) 预制楼梯板采用水平吊装,用螺栓将通用吊耳与楼梯板预埋吊装内螺母连接,起吊前检查卸扣卡环,确认牢固后方可继续缓慢起吊,如图 9-46 所示。

(3) 预制楼梯板就位,待楼梯板吊装至作业面上 500 mm 处略作停顿,根据楼梯板方向调整,就位时要求缓慢操作,严禁快速猛放,以免造成楼梯板震折损坏。

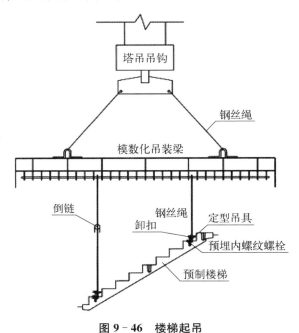

图 9-46　楼梯起吊

(4) 楼梯板基本就位后,根据控制线,利用撬棍微调,校正。

(5) 预制楼梯板与现浇部位连接灌浆:楼梯板安装完成,检查合格后,在预制楼梯板与休息平台连接部位采用灌浆料进行灌浆,灌浆要求从楼梯板的一侧向另外一侧灌注,待灌浆料从另一侧溢出后表示灌满,如图 9 - 47 所示。

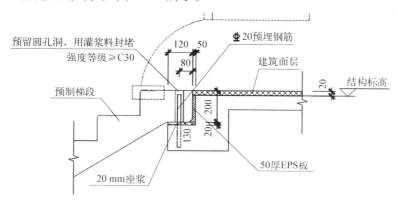

图 9 - 47　楼梯灌浆连接

5) 预制楼板施工注意事项

(1) 吊装必须从不规则建筑部位开始,如图 9 - 48 所示。

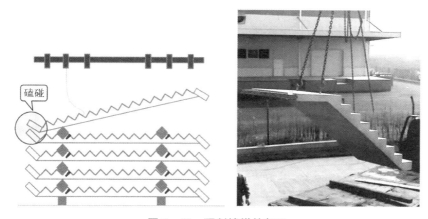

图 9 - 48　预制楼梯的起吊

(2) 在安装面积较大或现场条件较复杂时,应按施工方案确定的顺序安装。

(3) 在吊装面积较大的情况下,应在叠合楼板构件边沿划出一条或多条定位线,以便调整安装误差。

(4) 在叠合楼板构件搭接长度大于 4.0 cm 情况下,整个搭接面须用灰浆坐浆。

(5) 在中间承重墙部位,两块对接叠合楼板须至少保持 3.5 cm 的间距,以确保在接缝处正确浇注并密实现浇混凝土。

6) 预制楼梯板安装保护

(1) 预制楼梯板进场后对方不得超过四层,对方时垫木必须垫放在楼梯吊装点下方。

(2) 在吊装前预制楼梯采用多层板钉成整体踏步台阶形状保护踏步面不被损坏,并且将楼梯两侧用多层板固定做保护。

(3) 在吊装预制楼梯之前将楼梯预留灌浆圆孔处砂浆、灰土等杂质清除干净,确保预制楼梯灌浆质量。

9.3 实心剪力墙预制构件施工

按照标准化进行设计,根据结构、建筑的特点将预制实心剪力墙、预制叠合梁、叠合楼板、预制楼梯等构件进行拆分,并制定生产及吊装顺序,在工厂内进行标准化生产,现场采用60 t塔吊进行构件安装。

预制实心剪力墙纵向钢筋连接采用半灌浆套筒连接,预制实心剪力墙钢筋定位通过自制的固定钢模具进行调整。

预制实心剪力墙与预制叠合梁,节点采用现浇混凝土。

叠合楼板与叠合梁采用搭接的方式连接,叠合楼板间采用刀口设计用防水砂浆找平。

预制实心剪力墙施工流程,如图9-49所示。

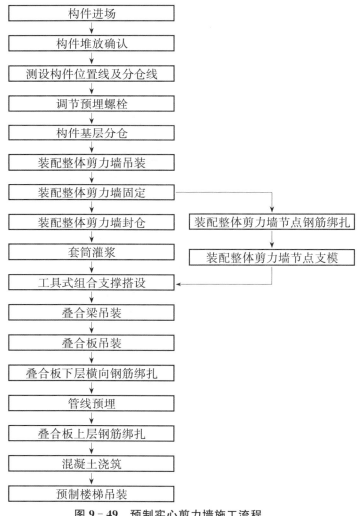

图 9-49 预制实心剪力墙施工流程

9.3.1　准备工作

1. 技术资料准备

1) 技术准备要点

(1) 根据工程项目的构件分布图,制定项目的安装方案,并合理地选择吊装机械。

(2) 构件临时堆场应尽可能地设置在吊机的辐射半径内,减少现场的二次搬运,同时构件临时堆场应平整坚实,有排水设施。

(3) 规划临时堆场及运输道路时,如在车库顶板需对堆放全区域及运输道路进行加固处理。

2) 吊装前准备

(1) 所有构件吊装前必须在基层或者相关构件上将各个截面的控制线放好,利于提高吊装效率和控制质量。

(2) 构件安装前,严格按照《装配整体式混凝土结构施工及质量验收规范(上海)》对预制构件、预埋件以及配件的型号、规格、数量等进行全数检查。

(3) 构件吊装前必须整理吊具,对吊具进行安全检查,这样可以保证吊装质量同时也保证吊装安全。

(4) 构件的进场顺序应该根据现场安装顺序进场,进入现场的构件应该进行严格的检查,检查外观质量和构件的型号规格是否符合安装顺序。

2. 现场准备

1) 构件运输

制定运输方案,其构件运输时间(根据吊装计划统一协调)、运输是构件按规范固定、墙板货架斜靠,叠合楼板堆放不超过 5 层,并做好成品构件边角保护措施,并在每个送货车上标注构件的信息资料。

2) 构件堆放

(1) 根据现场施工实际情况,确定场内运输道路及材料堆放场地的位置,并将构件堆放地确定在各楼塔吊作业半径内规划区域,部分零星构件直接随车吊装,具体堆放区域见施工总平面图。

(2) 预制实心墙板入场堆放要求:① 按照规格、品种、所用部位、吊装顺序分别堆放。运输道路及堆放场地平整、坚实,并有排水措施;② 构件支撑应坚实,垫块在构件下的位置与脱模、吊装时的起吊位置一致;③ 预制实心墙采用灵活布置货架竖向堆放,货架位置在构件距边 1/4 处,预埋吊件应朝上,标识宜朝向堆垛间的通道,如图 9-50 所示。

(3) 叠合板入场堆放要求:① 预埋吊件应朝上,标识宜朝向堆垛间的通道;② 构件支撑应坚实,垫块在构件下的位置与脱模、吊装时的起吊位置一致;③ 重叠堆放构件时,每层构件间的垫块应上下对齐,堆垛层数应根据构件、垫块的承载力确定,最多不超过 5 层,如图 9-51 所示。

3) 构件的验收

(1) 检查预制构件数量、质量证明文件和出厂标识。

图 9－50　实心剪力墙现场堆放

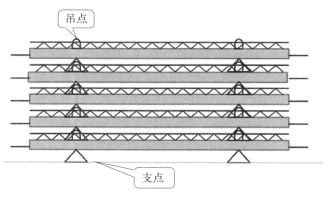

图 9－51　叠合板现场堆放

　　预制构件进入现场应有产品合格证、出场检验报告,每个构件应有独立的构件编号,进场构件按进场的批次进行重量抽样检查,检验结果符合要求预制构件方可使用。

　　(2)进行预制构件还应进行外观质量检查,一般缺陷修补,严重缺陷不得使用。具体处理方法可参考表 9－6。

表 9－6　预制构件外观质量缺陷

名称	现　　象	严 重 缺 陷	一 般 缺 陷
露筋	构件内钢筋未被混凝土包裹而外露	主筋有露筋	其他钢筋有少量露筋
蜂窝	混凝土表面缺少水泥砂浆面形成石子外露	主筋部位和搁置点位置有蜂窝	其他部位有少量蜂窝
孔洞	混凝土中孔穴深度和长度均超过保护层厚度	构件主要受力部位有孔洞	不应有孔洞
夹渣	混凝土中夹有杂物且深度超过保护层厚度	构件主要受力部位有夹渣	其他部位有少量夹渣
疏松	混凝土中局部不密实	构件主要受力部位有疏松	其他部位有少量疏松

（续表）

名称	现　　象	严　重　缺　陷	一　般　缺　陷
裂缝	缝隙从混凝土表面延伸至混凝土内部	构件主要受力部位有影响结构性能或使用功能的裂缝	其他部位有少量不影响结构性能或使用功能的裂缝
裂纹	构件表面的裂纹或者龟裂现象	预应力构件受拉侧有影响结构性能或使用功能的裂纹	非预应力构件有表面的裂纹或者龟裂现象
连接部位	构件连接处混凝土缺陷及连接钢筋、连接件松动、灌浆套筒未保护	连接部位有影响结构传力性能的缺陷	连接部位有基本不影响结构传力性能的缺陷
外形	内表面缺棱掉角、棱角不直、翘曲不平等；外表面面砖黏结不牢、位置偏差、面砖嵌缝没有达到横平竖直、面砖表面翘曲不平	清水混凝土构件有影响使用功能或装饰效果的外形缺陷	其他混凝土构件有不影响使用功能的外形缺陷
外表	构件内表面麻面、掉皮、起砂、沾污等；外表面面砖污染、预埋门窗破坏	具有重要装饰效果的清水混凝土构件、门窗框有外表缺陷	其他混凝土构件有不影响使用功能的外表缺陷，门窗框不宜有外表缺陷

注：一般缺陷，应由预制构件生产单位或施工单位进行修整处理，修整技术处理方案应经监理单位确认后再实施，经修整处理后的预制构件应重新检查。

（3）检查进场预制构件尺寸，预制构件进场检查除了以上数量和质量证明文件的检查以外，还需对预制构件尺寸进行检查，如表 9 - 7 所示。

表 9 - 7　预制墙板构件尺寸允许偏差及检查方法

项　　　　目		允许偏差/mm	检　查　方　法
外墙板	高度	±3	钢尺检查
	宽度	±3	钢尺检查
	厚度	±3	钢尺检查
	对角线差	5	钢尺量两个对角线
	弯曲	$L/1\,000$ 且≤20	拉线、钢尺量最大侧向弯曲处
	内表面平整	4	2 m 靠尺和塞尺检查
	外表面平整	3	2 m 靠尺和塞尺检查

注：（1）检查数量：对同类构件，按同日进场数量的 5％ 且不少于 5 件抽查，少于 5 件则全数检查。
　　（2）检查方法：钢尺、拉线、靠尺、塞尺检查。

3. 施工准备

1）施工机具准备

考虑到某工程现场 PC 吊装单板最重达 4.69 t，且最重板材的现场布置等情况，拟考虑每幢单体设置一台塔吊，并均大致设置于号楼中部位置，并将临时板材卸点及堆场设置于以塔机位置为中心，以最重板材位置与塔机位置距离为半径的范围内，以此方式使塔吊的起重能力得到最合理的发挥。由于板材的卸货、吊装均将使用塔吊,塔吊的使用频率较高。该塔吊布置方案可满足本工程板块卸货、吊装的使用要求,所需工具和材料如表 9-8、表 9-9所示。

表 9-8 吊装工具用具

序号	名称	图片	序号	名称	图片
1	铁扁担		11	可调节钢支撑	
2	吊装带		12	爬梯	
3	铁链		13	冲击钻	
4	吊钩		14	镜子	
5	靠尺		15	对讲机	
6	电动扳手		16	经纬仪	
7	撬棍		17	水准仪	
8	螺栓		18	塔尺	
9	膨胀螺丝		19	小锤	
10	专用千斤顶		20	卷尺	

表 9-9　套筒灌浆工具用具材料

序号	名　称	图　片	序号	名　称	图　片
1	电动灌浆机		11	圆截型试模 $\varphi70\times\varphi100\times60$	
2	0.7 L 手动灌浆枪		12	专用橡胶塞	
3	冲击转式砂浆搅拌		13	海绵	
4	$\varphi300\times H400$，30 L 不锈钢桶		14	筛子	
5	30 L 塑料水桶		15	螺丝刀	
6	测温仪		16	温度计	
7	刻度杯 2 L/5 L		17	灌浆料	
8	50 cm×50 cm 玻璃板		18	封仓料	
9	电子秤		19	PVC 管	
10	三联模 40×40×160				

2)人员准备

对于管理人员及作业人员,多数已在上海、安徽、绍兴等地实施过多个 PC 工程项目,相关管理人员技术成熟,经验丰富,作业人员操作熟练,具备全面的 PC 工程施工知识,挑选最好的 PC 施工作业队伍进行本公司的 PC 部分施工。

9.3.2 构件安装施工

对于装配式实心剪力墙体系,其在施工过程主要完成实心剪力墙以及叠成楼板的吊装施工,因此,下面主要对实心剪力墙体以及预制叠合板吊装工艺过程做主要介绍。

1. 预制实心剪力墙安装操作流程

预制实心剪力墙安装施工操作流程,如图 9-52 所示。

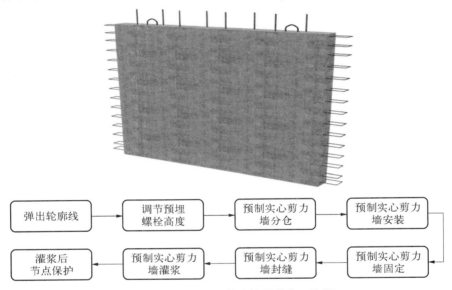

图 9-52　预制实心剪力墙吊装施工流程

2. 预制实心剪力墙安装操作要求

1)弹出构件轮廓控制线,并对连接钢筋进行位置再确认

(1)插筋钢模,放轴线控制,如图 9-53(a)所示。① 钢筋除泥浆,基层浇筑前可采用保鲜膜保护;② 对同一层内预制实心墙弹轮廓线,控制累计误差在±2 mm 内。

(2)插筋位置通过钢模再确认,轴线加构件轮廓线,如图 9-53(b)所示。① 采用钢模具对钢筋位置进行确认;② 严格按照设计图纸要求检查钢筋长度。

(3)吊装前准备,轴线、轮廓线、分仓线、编号,如图 9-53(c)所示。

2)预埋高度调节螺栓

(1)对实心墙板基层初凝时用钢钎做麻面处理,吊装前用风机清理浮灰。

(2)水准仪对预埋螺丝标高进行调节,达到标高要求并使之满足 2 cm 高差,如图9-54、图 9-55 所示。

(3)对基层地面平整度进行确认。

(a)

(b)

(c)

图 9-53　弹出构件轮廓控制线

图 9-54　基层预埋

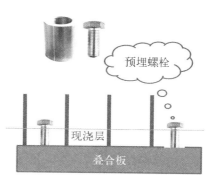

图 9-55　标准层预埋

3）预制实心剪力墙分仓

（1）采用电动灌浆泵灌浆时，一般单仓长度不超过 1 m。

（2）采用手动灌浆枪灌浆时单仓长度不宜超过 0.3 m，如图 9-56 所示。

（3）对填充墙无灌浆处采用坐浆法密封，如图 9-57 所示。

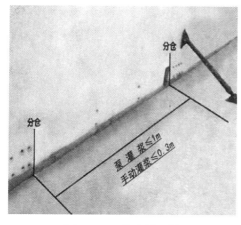

图 9-56　分仓缝设置

图 9-57　无灌浆孔处理

4）预制实心剪力墙安装

（1）吊机起吊下放时应平稳，如图 9‑58 所示。

（2）预制实心墙两边放置镜子，确认下方连接钢筋均准确插入构件的灌浆套筒内，如图 9‑59所示。

（3）检查预制构件与基层预埋螺栓是否压实无缝隙，如不满足继续调整。

图 9‑58　吊机平稳起吊　　　　　图 9‑59　检查套筒连接

5）预制实心剪力墙固定

（1）墙体垂直度满足±5 mm 后，在预制墙板上部 2/3 高度处，用斜支撑通过连接对预制构件进行固定，斜撑底部与楼面用地脚螺栓锚固，其与楼面的水平夹角不应小于 60°，墙体构件用不少于 2 根斜支撑进行固定，如图 9‑60、图 9‑61 所示。

图 9‑60　垂直检查　　　　　　图 9‑61　固定完成

（2）垂直度的细部调整通过两个斜撑上的螺纹套管调整来实现，两边要同时调整。

（3）在确保两个墙板斜撑安装牢固后方可解除吊钩。

6）实心剪力墙封缝

（1）嵌缝前对基层与柱接触面用专用吹风机清理，并做润湿处理，如图 9 - 62 所示。

（2）选择专用的封仓料和抹子，在缝隙内先压入 PVC 管或泡沫条，填抹大约 1.5～2 cm 深（确保不堵套筒孔），将缝隙填塞密实后，抽出 PVC 管或泡沫条，如图 9 - 63 所示。

图 9 - 62　清理湿润　　　　　　　　　图 9 - 63　封缝处理

（3）填抹完毕确认封仓强度达到要求（常温 24 h，约 30 MPa）后再灌浆。

7）实心剪力墙灌浆

（1）灌浆前逐个检查各接头灌浆孔和出浆孔，确保孔路畅通及仓体密封检查，如图 9 - 64 所示。

（2）灌浆泵接头插入灌浆孔后，封堵其他灌浆孔及灌浆泵上的出浆口，待出浆孔连续流出浆体后，暂停灌浆机启动，立即用专用橡胶塞封堵，如图 9 - 65 所示。

（3）至所有排浆孔出浆并封堵牢固后，拔出插入的灌浆孔，立刻用专用的橡胶塞封堵，然后插入排浆孔，继续灌浆，待其满浆后立刻拔出封堵。

图 9 - 64　检查灌浆孔　　　　　　　　图 9 - 65　孔道灌浆

（4）正常灌浆浆料要在自加水搅拌开始 20～30 min 内灌完。

3. 灌浆后节点保护

检查验收：灌浆料凝固后，取下灌排浆孔封堵胶塞，检查孔内凝固的灌浆料上表面应高于排浆孔下边缘 5 mm 以上。灌浆料强度没有达到 35 MPa，不得受挠动，如图 9 - 66 所示。

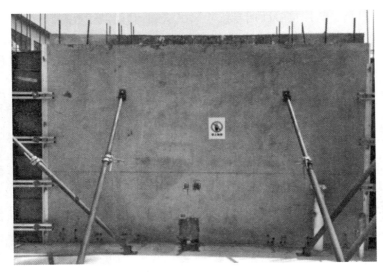

图 9-66 灌浆检验

9.4 双面叠合剪力墙构件预制施工

按照标准化进行设计,根据结构、建筑的特点将预制双面叠合墙、预制叠合梁、叠合楼板、预制楼梯等构件进行拆分,并制定生产及吊装顺序,在工厂内进行标准化生产,现场采用50塔吊进行构件安装。

预制双面叠合墙纵向钢筋连接采用插筋搭接方式连接,预制双面叠合墙基层定位钢筋与传统预留插筋一样。

预制双面叠合墙与预制叠合梁、预制楼板,节点采用现浇混凝土。

楼叠合楼板与叠合梁采用搭接的方式连接,楼板之间采用刀口设计用防水砂浆找平。

9.4.1 准备工作

1. 技术资料准备

1) 技术准备要点

(1) 根据工程项目的构件分布图,制定项目的安装方案,并合理地选择吊装机械。

(2) 构件临时堆场应尽可能地设置在吊机的辐射半径内,减少现场的二次搬运,同时构件临时堆场应平整坚实,有排水设施。

(3) 规划临时堆场及运输道路时,如在车库顶板需对堆放全区域及运输道路进行加固处理。

双面叠合板式剪力墙结构施工工艺流程,如图 9-67 所示。

2) 吊装前准备

(1) 所有构件吊装前必须在基层或者相关构件上将各个截面的控制线放好,利于提高吊装效率和控制质量。

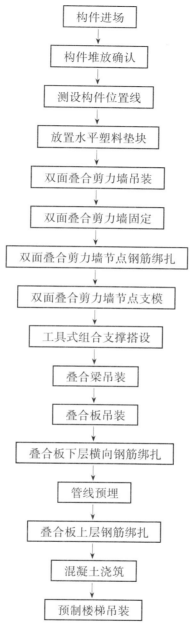

图 9 - 67　双面叠合墙体系施工流程

（2）构件安装前，我司严格按照《装配整体式混凝土结构施工及质量验收规范（上海）》对预制构件、预埋件以及配件的型号、规格、数量等进行全数检查。

（3）构件吊装前必须整理吊具，对吊具进行安全检查，这样可以保证吊装质量同时也保证吊装安全。

（4）构件的进场顺序应该根据现场安装顺序进场，进入现场的构件应该进行严格的检查，检查外观质量和构件的型号规格是否符合安装顺序。

2. 现场准备

1) 构件运输

制定运输方案,其构件运输时间(根据吊装计划统一协调)、运输是构件按规范固定、墙板货架斜靠,叠合楼板堆放不超过 5 层,并做好成品构件边角保护措施,并在每个送货车上标注构件的信息资料。

2) 构件堆放

(1) 根据现场施工实际情况,确定场内运输道路及材料堆放场地的位置,并将构件堆放地确定在各楼塔吊作业半径内规划区域,部分零星构件直接随车吊装,具体堆放区域见施工总平面图。

(2) 预制实心墙板入场堆放要求:① 按照规格、品种、所用部位、吊装顺序分别堆放。运输道路及堆放场地平整、坚实,并有排水措施;② 构件支撑应坚实,垫块在构件下的位置与脱模、吊装时的起吊位置一致;③ 叠合墙板采用整体货架堆放,对门窗边角部应注意保护,如图 9-68 所示。

图 9-68 双面叠合剪力墙现场堆放

3) 构件的验收

(1) 检查预制构件数量、质量证明文件和出厂标识。

预制构件进入现场应有产品合格证、出场检验报告,每个构件应有独立的构件编号,进场构件按进场的批次进行重量抽样检查,检验结果符合要求预制构件方可使用。

(2) 进行预制构件还应进行外观质量检查,一般缺陷修补,严重缺陷不得使用。具体处理方法可参考表 9-10。

表 9-10 预制墙板构件尺寸允许偏差及检查方法

项 目		允许偏差/mm	检 查 方 法
外墙板	高度	±3	钢尺检查
	宽度	±3	钢尺检查
	厚度	±3	钢尺检查

（续表）

项　　　目		允许偏差/mm	检 查 方 法
外墙板	对角线差	5	钢尺量两个对角线
	弯曲	$L/1\,000$ 且≤20	拉线、钢尺量最大侧向弯曲处
	内表面平整	4	2 m 靠尺和塞尺检查
	外表面平整	3	2 m 靠尺和塞尺检查

注：（1）检查数量：对同类构件，按同日进场数量的 5% 且不少于 5 件抽查，少于 5 件则全数检查。
　　（2）检查方法：钢尺、拉线、靠尺、塞尺检查。

（3）检查进场预制构件尺寸，预制构件进场检查除了以上数量和质量证明文件的检查以外，还需对预制构件尺寸进行检查，如表 9 - 11 所示。

表 9 - 11　预制构件外观质量缺陷

名称	现　　　象	严 重 缺 陷	一 般 缺 陷
露筋	构件内钢筋未被混凝土包裹而外露	主筋有露筋	其他钢筋有少量露筋
蜂窝	混凝土表面缺少水泥砂浆面形成石子外露	主筋部位和搁置点位置有蜂窝	其他部位有少量蜂窝
孔洞	混凝土中孔穴深度和长度均超过保护层厚度	构件主要受力部位有孔洞	不应有孔洞
夹渣	混凝土中夹有杂物且深度超过保护层厚度	构件主要受力部位有夹渣	其他部位有少量夹渣
疏松	混凝土中局部不密实	构件主要受力部位有疏松	其他部位有少量疏松
裂缝	缝隙从混凝土表面延伸至混凝土内部	构件主要受力部位有影响结构性能或使用功能的裂缝	其他部位有少量不影响结构性能或使用功能的裂缝
裂纹	构件表面的裂纹或者龟裂现象	预应力构件受拉侧有影响结构性能或使用功能的裂纹	非预应力构件有表面的裂纹或者龟裂现象
连接部位缺陷	构件连接处混凝土缺陷及连接钢筋、连接件松动、灌浆套筒未保护	连接部位有影响结构传力性能的缺陷	连接部位有基本不影响结构传力性能的缺陷
外形缺陷	内表面缺棱掉角、棱角不直、翘曲不平等；外表面面砖黏结不牢、位置偏差、面砖嵌缝没有达到横平竖直、面砖表面翘曲不平	清水混凝土构件有影响使用功能或装饰效果的外形缺陷	其他混凝土构件有不影响使用功能的外形缺陷
外表缺陷	构件内表面麻面、掉皮、起砂、沾污等；外表面面砖污染、预埋门窗破坏	具有重要装饰效果的清水混凝土构件、门窗框有外表缺陷	其他混凝土构件有不影响使用功能的外表缺陷，门窗框不宜有外表缺陷

注：一般缺陷，应由预制构件生产单位或施工单位进行修整处理，修整技术处理方案应经监理单位确认后实施，经修整处理后的预制构件应重新检查。

3. 施工准备

1) 施工机具准备

考虑到某工程现场 PC 吊装单板最重达 4.69 t,且最重板材位于号楼东西两侧,拟考虑 1~7 号楼每幢单体设置一台塔吊,并均大致设置于号楼中部位置,并将临时板材卸点及堆场设置于以塔机位置为中心,以最重板材位置与塔机位置距离为半径的范围内,以此方式使塔吊的起重能力得到最合理的发挥。由于板材的卸货、吊装均将使用塔吊,塔吊的使用频率较高。该塔吊布置方案可满足本工程板块卸货、吊装的使用要求,所需工具如表 9 - 12、表9 - 13所示。

表 9 - 12 吊装工具用具

序号	名 称	图 片	序号	名 称	图 片
1	铁扁担		11	可调节钢支撑	
2	吊装带		12	爬梯	
3	铁链		13	冲击钻	
4	吊钩		14	镜子	
5	靠尺		15	对讲机	
6	电动扳手		16	经纬仪	
7	撬棍		17	水准仪	
8	螺栓		18	塔尺	
9	膨胀螺丝		19	小锤	
10	专用千斤顶		20	卷尺	

表 9–13　套筒灌浆工具用具材料

序号	名　称	图　片	序号	名　称	图　片
1	电动灌浆机		11	圆截型试模 $\varphi70\times\varphi100\times60$	
2	0.7 L 手动灌浆枪		12	专用橡胶塞	
3	冲击转式 砂浆搅拌		13	海绵	
4	$\varphi300\times H400$，30 L 不锈钢桶		14	筛子	
5	30 L 塑料水桶		15	螺丝刀	
6	测温仪		16	温度计	
7	刻度杯 2 L/5 L		17	灌浆料	
8	50×50 cm 玻璃板		18	封仓料	
9	电子秤		19	PVC 管	
10	三联模 40×40×160				

2)人员准备

对于管理人员及作业人员,采用已在上海、安徽、绍兴等地实施过多个 PC 工程项目,相关管理人员技术成熟,经验丰富,作业人员操作熟练,具备全面的 PC 工程施工知识,挑选最好的 PC 施工作业队伍进行本公司的 PC 部分施工。

9.4.2 构件安装施工

对于与双面叠合板剪力墙体系施工时,主要体现在双面叠合板剪力墙的安装施工,对此围绕双面叠合板式剪力安装操作流程进行介绍。

1. 双面叠合板施工安装操作流程(见图 9-69)

图 9-69 双面叠合板工艺流程

1)定位放线

通过定位放线,弹出构件轮廓线以及构件编号,如图 9-70、图 9-71 所示,同时构件吊装前必须在基层或者相关构件上将各个截面的控制线弹设好,利于提高吊装效率和控制质量。

图 9-70 构件轮廓线

图 9-71 构件编号

2)标准控制

先对基层进行杂物清理。用水准仪对垫块标高进行调节,满足 5 cm 缩短量高差要求,如图 9-72 所示。为方便叠合墙板安装实际垫块高差为低 3~5 mm。

3)叠合墙板安装

(1)采用两点起吊,吊钩采用弹簧防开钩。

(2)吊点同水平墙夹角不宜小于 60°。

(3)叠合墙板下落过程应平稳。

图 9‑72　标高控制垫块

（4）叠合板未固定，不能下吊钩。

（5）墙板间缝隙控制在 2 cm 内。

4）预制双面叠合墙固定

（1）墙体垂直度满足±5 mm 后，在预制墙板上部 2/3 高度处，用斜支撑通过连接对预制构件进行固定，斜撑底部与楼面用地脚螺栓锚固，其与楼面的水平墙夹角为 40°～50°，墙体构件用不少于 2 根斜支撑进行固定，如图 9‑73、图 9‑74 所示。

图 9‑73　双面叠合板墙的安装

图 9‑74　双面叠合板墙的固定

（2）垂直度按照高度比 1∶1 000，向内倾斜。

（3）垂直度的细部调整通过两个斜撑上的螺纹套管调整来实现，两边要同时调整。

2. 铝模施工安装操作流程(见图 9－75)

与预制框架式结构、预制实心剪力墙结构不同，双面叠合板式剪力墙结构在吊装施工中不需要套筒灌浆连接，而是搭设铝模板现浇连接预制构件，以下是铝模施工安装操作流程。

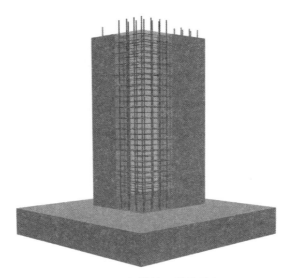

图 9－75　铝模施工操作流程

1）模板检查清理，涂刷脱模剂

（1）用铲刀铲除模板表面浮浆，直至表面光滑无粗糙感，如图 9－76 所示。

图 9－76　清理模板表面

图 9－77　涂刷脱模剂

（2）在模板面均匀涂刷专用脱模剂，采用水性脱模剂，如图 9－77 所示。

（3）铝模板制作允许偏差，如表 9－14 所示。

2）标高引测及墙柱根部引平

将标高引测至楼层，如图 9－78 所示，通过引测的标高控制墙柱根部的标高及平整度，

表 9 - 14 铝模板制作允许偏差

序 号	检查项目	允许偏差
1	外形尺寸	-2 mm/m
2	对角线	3 mm
3	相邻表面高低差	1 mm
4	表面平整度(2 m 钢尺)	2 mm

转角处用砂浆或剔凿进行找平,其他处用 4 cm 和 5 cm 角铝调节,如图 9 - 79 所示。位置通过墙柱控制线确认。

图 9 - 78 标高引测

图 9 - 79 根部引平

3)焊接定位钢筋

采用 $\varphi16$ 钢筋(端部平整)在墙柱根部离地约 100 mm,间距 800 mm 焊接定位钢筋,如图 9 - 80 所示。

图 9 - 80 焊接定位钢筋

4) 模板安装

墙柱在钢筋及水电预埋完成后,从墙端开始逐块定位安装,销钉 300 mm 一个墙柱销钉,墙柱顶标高按现场叠合墙板实际高度安装实际标高比设计标高底 3~5 mm,如图 9-81 所示。

图 9-81 铝模板安装

5) 模板固定

在三段式螺杆未应用前,采用壁厚 2 mm 的 PVC 套管,切割尺寸统一、偏差在(-0.5,0) mm,端部采用 PVC 扩大头套防止加固螺杆过紧,螺杆间距小于 800 mm,如图 9-82 所示。

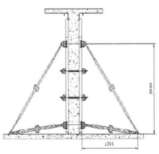

图 9-82 模板固定

模板斜撑采用四道背楞(外墙五道),斜拉杆间距不大于 2 m,上下支撑;墙模安装完调整好标高、垂直度(斜向拉杆要受力);再进行梁底模和楼面板安装。

9.5 连接部位施工

9.5.1 灌浆套筒连接

在我国,建筑工业化处于起步阶段。要想装配式房屋造得好,除科学的设计外,零部件、材料以及构件的生产要保证,而钢筋套筒灌浆连接技术装配式混凝土结构关键技术之一。

1. 特点

(1) 接头采用直螺纹和水泥灌浆复合连接形式,缩短了接头长度,简化了预制构件的钢筋连接生产工艺。

(2) 连接套筒采用优质钢或合金钢原材料机械加工而成,套筒的强度高、性能好。

(3) 配套开发了接头专用灌浆材料,其流动度大、操作时间长、早强性能好、终期强度高。

2. 适用范围及工艺原理

本工法适合竖向钢筋连接,包括剪力墙、框架柱的连接。

连接套筒采用优质钢,两端均为空腔,通过灌注专用水泥基高强无收缩灌浆料与螺纹钢筋连接,并形成可靠的刚性连接。图 9-83、图 9-84 分别为半套筒灌浆和全套筒灌浆的结构。

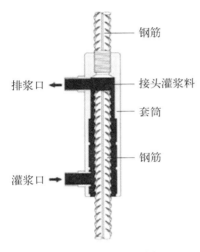

图 9-83　半套筒灌浆

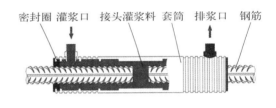

图 9-84　全套筒灌浆

3. 工艺流程及操作方法

1) 施工准备

准备灌浆料(打开包装袋检查灌浆料应无受潮结块或其他异常)和清洁水;准备施工器具;如果夏天温度过高准备降温冰块,冬天准备热水。

2) 制备灌浆料基本流程(见图9-85)

(1) 称量灌浆料和水:严格按本批产品出厂检验报告要求的水料比(比如 11%,即为 11 g 水 + 100 g 干料)用电子秤分别称量灌浆料和水。也可用刻度量杯计量水。

(2) 第一次搅拌:料浆料量杯精确加水先将水倒入搅拌桶,然后加入约 70% 料,用专用

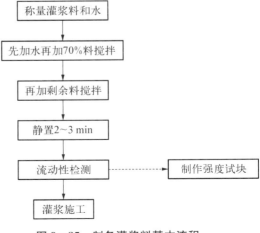

图 9-85　制备灌浆料基本流程

搅拌机搅拌 1～2 min 大致均匀后。

（3）第二次搅拌：再将剩余料全部加入，再搅拌 3～4 min 至彻底均匀。

（4）搅拌均匀后，静置 2～3 min，使浆内气泡自然排出后再使用。

（5）流动度检验：每班灌浆连接施工前进行灌浆料初始流,动度检验,记录有关参数,流动度合格方可使用。检测流动度环境温度超过产品使用温度上限（35℃）时，须做实际可操作时间检验,保证灌浆施工时间在产品可操作时间内完成,如图 9-86 所示。

（6）现场强度根据需要进行现场抗压强度检验。制作试件前浆料也需要静置 2～3 min，使浆内气泡自然排出。检验试块要密封后现场同条件养护,如图 9-87 所示。

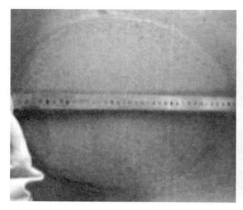

图 9-86　流动度检测

图 9-87　强度检测

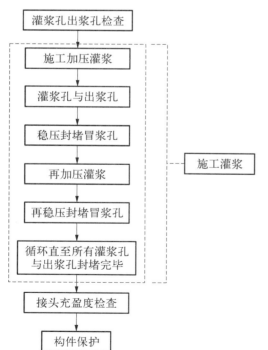

图 9-88　灌浆基本流程

3）施工灌浆基本流程（见图 9-88）

（1）灌浆孔与出浆孔检查：在正式灌浆前，采用空气压缩机逐个检查各接头的灌浆孔和出浆孔内有无影响浆料流动的杂物，确保孔路畅通。

（2）施工灌浆：

① 通过工程项目的实践，采用保压停顿灌浆法施工能有效节省灌浆料施工浪费，保证工程施工质量。用灌浆泵（枪）从接头下方的灌浆孔处向套筒内压力灌浆。特别注意正常灌浆浆料要在自加水搅拌开始 20～30 min 内灌完，以尽量保留一定的操作应急时间；

② 灌浆孔与出浆孔出浆封堵，采用专用塑料堵头（与孔洞配套），操作中用螺丝刀顶紧。在灌浆完成、浆料凝前，应巡视检查已灌浆的接头，如有漏浆及时处理。

（3）接头充盈检查：灌浆料凝固后，取下灌排浆孔封堵胶塞，检查孔内凝固的灌浆料上表面应高于排浆孔下缘 5 mm 以上,如图 9 - 89 所示。

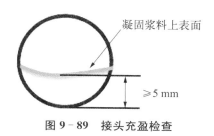

凝固浆料上表面

≥5 mm

图 9 - 89　接头充盈检查

4. 机具设备

灌浆施工使用机具如表 9 - 15 所示。

表 9 - 15　机具使用

序号	名　称	图　片	序号	名　称	图　片
1	电动灌浆机		7	圆截型试模 $\varphi70\times\varphi100\times60$	
2	0.7 L 手动灌浆枪		8	专用橡胶塞	
3	冲击转式砂浆搅拌		9	海绵	
4	$\varphi300\times H400$,30 L 不锈钢桶		10	筛子	
5	30 L 塑料水桶		11	螺丝刀	
6	测温仪		12	温度计	

5. 质量标准及检测办法

如果在构件厂检验灌浆套筒抗拉强度时,采用的灌浆料与现场所用一样,试件制作也是模拟施工条件,那么,该项试验就不需要再做,否则就要重做。

检查数量:同一批号、同一类型、同一规格的灌浆套筒,检验批量不应大于 1 000 个,每批随机抽取 3 个灌浆套筒制作对中接头。

检验方法:有资质的实验室进行拉伸试验。

6. 安全措施

(1) 对灌浆操作施工的人员,必须进行专项技术培训和安全教育,使其了解该新型材料的施工特点、熟悉规范的有关条文和本岗位的安全技术操作规程,并通过考核合格后方能上岗工作,主要施工人员应相对固定。

(2) 灌浆施工中必须配备具有安全技术知识、熟悉规范的专职安全、质量检查员。

(3) 灌浆料拆除时,材料必须无受潮起块现象达到操作规则要求值。

7. 效益分析

(1) 套筒灌浆技术是装配式结构现场施工的一个关键点。有效地解决工程灌浆质量,缩短了工期。

(2) 材料及人工费用节约,使用稳压灌浆法,有效杜绝了工程材料的浪费,可比其他操作方法节省材料 40% 以上。

9.5.2 铝模连接施工

铝模板自重轻、装配周转方便,结构成型效果好,在国外,如美国、加拿大已成功推广了10 年之久,目前在工程项目施工中引进并得到充分运用,获得了良好的效益。通过工程实践并不断总结完善,形成了一套完整的铝模施工工法。

1. 特点

(1) 铝模板由工厂按施工图进行深化配板,采用铝板型材制作,铝板自重轻,模板受力条件好,不易变形走样,便于混凝土机械化、快速施工作业。

(2) 铝模以标准板加上局部非标准板配置,并在非标准板上编号,相同构件的标准板可以混用,拼装速度快。

(3) 铝模拆装时操作简便,拆卸安装速度快。模板与模板之间采用定型的。销钉固定,安装便捷。

(4) 铝模拆除后混凝土表面质量好。按照本工法施工,可确保模板安装平整、牢固,确保混凝土表面能达到与混凝土构件相同的清水混凝土效果。

(5) 铝模技术含量高、实用性强、周转次数多(理论上达到 300 次),能显著降低工程模板费用,缩短工程施工工期;经济效益、社会效益显著,具有广阔的应用前景。

2. 适用范围及工艺原理

本工法适应用所有装配式结构类型建筑表观质量要求达到清水混凝土效果的节点模板工程。

以高强度的铝合金型材为背楞与铝板组成定型的铝模,模板与模板通过特制的销钉固定。因现浇节点的铝模板与 PC 预制墙板、预制叠合楼板模板组成了一个具备一定刚度的整体,铝模板在 36 h 后即可拆除。

由于该体系(见图 9-90)定型、刚度高,在混凝土浇筑的过程中基本上不会有变形,浇筑完成后混凝土构件成型好,尺寸精确,表观成型质量好,完全能达到清水混凝土的效果。

3. 工艺流程及操作方法

1) 施工准备

(1) PC 结构墙板现浇节点筋绑扎完毕、各专项工程的预埋件已安装完毕并通过了隐蔽验收。

（2）作业面各构件的分线工作已完成妥当并完成复核。

（3）墙根部位的标高要保证，否则会导致模板无法安装，高出的部分及时凿除并调整至设计标高。

（4）按装配图检查施工区域的铝模板及配件是否齐全、编号是否完整。

（5）墙柱模板板面应清理干净，均匀涂刷水性的模板隔离剂。

图 9‑90　铝模体系

2）安装

通常按照"先内墙，后外墙""先非标板，后标准板"的要领进行安装作业。

（1）墙板节点铝模安装：按编号将所需的模板，找出清理刷水性模板隔离剂后摆放在墙板的相应位置，复核墙底脚的混凝土标高后，穿套管及高强螺栓，依次用销钉将墙模与踢脚板固定（墙柱的悬空面，内面不需要）后，用销钉将墙模与墙模固定如图 9‑91 所示。墙模板安装完后吊挂垂直线检测其垂直度，将其垂直度调整至规范范围内。图 9‑92 为节点铝模墙板的安装。

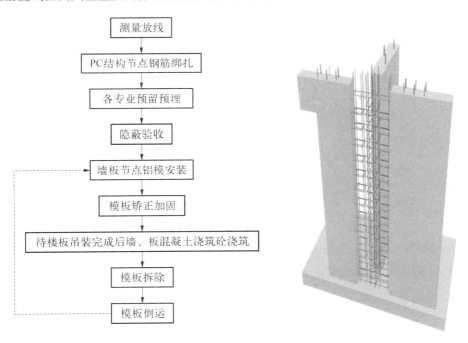

图 9‑91　铝模操作流程

（2）模板校正及固定：模板安装完毕后，对所有的节点铝模墙板进行平整度与垂直度的校核。校核完成后在墙柱模板上加特制的双方钢背楞并用高强螺栓固定。

（3）混凝土浇筑：校正固定后，检查各接口缝隙情况，超过规定要求的必须粘贴泡沫塑料条防止漏浆。楼层砼浇注时，安排专门的模板工在作业层下进行留守看模，以解决砼浇注

图 9-92　节点铝模墙板安装

准(普通混凝土拆模强度 1 MPa)。

时出现的模板下沉、爆模等突发问题。

PC 结构采用分两次浇筑,因铝模是金属模板,夏天高温天气混凝土浇筑时应在铝模上多浇水,防止铝模温度过高造成水泥浆快速干化,造成拆模后表面起皮。混凝土中的气泡不便排出,为避免混凝土表面出现麻面,在混凝土配比方面进行优化减少气泡的产生,另外在混凝土浇筑时加强作业面混凝土工人的施工监督,避免出现露振、振捣时间短导致局部气泡未排尽的情况产生。

(4)模板拆除(见图 9-93):严格控制混凝土的拆模时间,拆模时间应能保证拆模后墙体不掉角、不起皮,必须以同条件试块实验为准,混凝土拆模依据以同条件试块强度达到 3 MPa 为

图 9-93　拆模

拆除时要先均匀撬松、再脱开。拆除时零件应集中堆放,防止散失,拆除的模板要及时清理干净和修整,拆除下来的模板必须按顺序平整地堆放好。

4. 机具设备

需要的机具设备有:锤子、撬杆、木工角尺、5 m 卷尺、塞尺、水平尺、电钻等,如表 9-16 所示。

表 9-16　灌　浆　工　具

序号	名称	图　片	序号	名称	图　片
1	铁锤		2	撬棍	

（续表）

序号	名称	图　片	序号	名称	图　片
3	扳手		6	电钻	
4	拆模器		7	钻头	
5	角梯		8	水泥条	

5. 质量标准及检测办法（见表 9-17）

表 9-17　安装尺寸允许偏差

项次	项　目	允许偏差/mm	检 验 方 法
1	模板表面平整	±2	用 2 m 靠尺和楔尺检查
2	相邻两板接缝平整	1	用不锈钢尺靠和手摸
3	轴线位移	±2	经纬仪和拉线
4	截面尺寸	−3,2	钢卷尺量
5	垂直度	3	线坠和经纬仪

6. 安全措施

（1）对加模板工程施工的人员，必须进行专项技术培训和安全教育，使其了解该新型模板施工特点、熟悉规范的有关条文和本岗位的安全技术操作规程，并通过考核合格后方能上岗工作，主要施工人员应相对固定。

（2）模板施工中必须配备具有安全技术知识、熟悉规范的专职安全、质量检查员。

（3）模板拆除时，混凝土强度必须达到操作规则要求值。

（4）安装模板时至少要两人一组成双安装。

（5）模板在拆除时应轻放，堆叠整齐，以防止模板变形。

（6）必须按规程要求对模板进行清理，变形严重时及时修理或重新配板。

7. 效益分析

1）模板周转及再利用

铝模施工体系因其强度高，材料变形小，周转使用能力（理论周转次数 300 次）高，在层数高的超高层方面尤有优势。铝模以标准板为主，只要修改构件交接处的非标准板，可以实现多个工程可以再利用的效益。

2）操作工效

铝模与其他模板相比，具有方便、快捷等诸多优点，可以让工人迅速地校正和固定模板，大大减少劳动量，劳动强度减弱。

3）材料及人工费用节约。

使用铝模体系，结构面达到清水效果，进入装修阶段，内墙面与 PC 墙板结合可以省去抹灰找平工序，从质量上杜绝了室内墙面抹灰空鼓、裂缝的通病；从施工成本上分析，节约了水泥、砂的原材耗用，以及抹灰用工，同时减少了周转材料的使用时间，节约材料及人工费约 24 元/m^2（装修需抹灰位置）；从工期上分析，室内装修阶段的工时缩短，工程进度按照每层可以缩短 1～2 天计，对总工期的提前亦为可观。

4）其他综合效益

从住户使用面积分析，房间净长宽可以增加 3～5 cm 的使用面；从设计安全方面分析，清水墙省去抹灰，楼体自重减轻，地震作用力相应减弱，结构抗震偏于安全；从社会信誉分析，使用 PC 结构体系与该模板体系结合，大大地提升了公司的整体竞争力，诸多地区领导来工地参观。

8．工程实例

1）工程概况

某工程建设地点位于上海青浦。建 8 栋 16～18 层装配式住宅，一座地下车库、一座垃圾房和两座变电站。建筑面积 83 311 m^2，其中地上建筑面积 56 798.08 m^2，地下建筑面积为 26 734.99 m^2。1～7 号楼叠合剪力墙体系预制装配率 45％。8 号楼叠合体系与全预制剪力墙体系结合，装配率 45％。沿街商铺预制框架体系的预制装配率为 65％。

2）施工情况

此项目在装配式建立项目中楼号多且楼层高，3 楼以上标准层的现浇节点都是采用铝模施工，铝模于 2016 年 3 月正式投入使用。

3）结果评价

采用铝模大大地加快了模板支设的速度，与钢筋工程合理穿插，本工程的施工速度达到了 5 天一层。另一方面，高层施工的主要工效取决于垂直运输体系的工效，采用了铝模，除了本工法上述的优点外还大大地减少了周转材料的倒运对垂直运输体系效率的影响，为其他分项工程进度的完成提供了保证。浇筑完后混凝土构件的尺寸及标准平整度均达到清水混凝土的效果，工程质量优良率达 98％以上，无安全生产事故发生，得到业主和监理的一致好评。

9.5.3 后续现浇施工

1．钢筋工程施工

钢筋绑扎，楼板、阳台等构件吊装安装完成后，进行上部钢筋安装绑扎，同时进行水电等相关预埋安装。

2. 模板工程施工

本工程 PC 部分模板,我司考虑采用常规木模,墙体支撑体系利用斜抛撑及对拉全螺纹螺栓。其中叠合楼板区域支撑体系也采用工具式组合钢支撑,该区域利用叠合楼板特点,无需进行模板铺设。

3. 混凝土工程施工

工程 PC 楼板及墙板浇筑按常规混凝土施工方法进行,施工中需注意以下几点:

(1) 监理工程师及建设单位工程师复检合格后,方能进行梁、柱交接口和板混凝土的浇筑。

(2) 混凝土浇筑前,清理梁柱交接口内及板上的杂物,并向梁柱交接口内和板上洒水,保证梁柱交接口和板表面充分湿润,但不宜有明水。

(3) 建议采用流动性较好的混凝土浇筑,从原材料上保证混凝土的质量。

(4) 浇筑时要振捣到位,严禁出现蜂窝、麻面。

9.6 成品保护

(1) 装配整体式混凝土结构施工完成后,竖向构件阳角、楼梯踏步口宜采用木条(板)包角保护。

(2) 预制构件现场装配全过程中,宜对预制构件原有的门窗框、预埋件等产品进行保护,装配整体式混凝土结构质量验收前不得拆除或损坏。

(3) 预制外墙板饰面砖、石材、涂刷等装饰材料表面可采用贴膜或用其他专业材料保护。

(4) 预制楼梯饰面砖宜采用现场后贴施工,采用构件制作先贴法时,应采用铺设木板或其他覆盖形式的成品保护措施。

(5) 预制构件暴露在空气中的预埋铁件应涂抹防锈漆。

9.6.1 剪力墙预制件成品保护

(1) 外墙板进场后,应放在插放架内。

(2) 运输、吊装操作过程中,应避免外墙板损坏。如已有损坏应及时修补。

(3) 外墙板就位时尽量要准确,安装时防止生拉硬撬。

(4) 安装外墙板时,不得碰撞已经安装好的楼板。

(5) 隔墙板堆放场地应平整、坚实,不得积水或沉陷。板应在插放架内立放,下面垫木板或方木,防止折断或弯曲变形。

(6) 隔墙板运输和吊卸过程中,应采取措施防止折裂。

(7) 安装设备管道需在板上打孔穿墙时,严禁用大锤猛击墙板,严重损坏的墙板不应使用。

9.6.2 叠合板的成品保护

(1) 叠合板的堆放及堆放场地的要求应严格按规范要求执行。

(2) 现浇墙、梁安装叠合板时,其混凝土强度要达到 4 MPa 时方准施工。

(3) 叠合板上的甩筋(锚固筋)在堆放、运输、吊装过程中要妥为保护,不得反复弯曲和折断。

(4) 吊装叠合板,不得采用"兜底"、多块吊运。应按预留吊环位置,采用八个点同步单块起吊的方式。吊运中不得冲撞叠合板。

(5) 硬架支模支架系统板的临时支撑应在吊装就位前完成。每块板沿长向在板宽中加设通长木楞作为临时支撑。所有支柱均应在下端铺垫通长脚手板,且脚手板下为基土时,要整平、夯实。

(6) 不得在板上任意凿洞,板上如需要打洞,应用机械钻孔,并按设计和图集要求做相应的加固处理。

9.6.3 楼梯的成品保护

(1) 楼梯段、休息板应采取正向吊装、运输和堆放。构件运输和堆放时,垫木应放在吊环附近,并高于吊环,上下对齐。垃圾道宜竖向堆放。

(2) 堆放场地应平整夯实,下面铺垫板。楼梯段每垛码放不宜超过 6 块,休息板每垛不超过 10 块。

(3) 楼梯安装后,应及时将踏步面加以保护,避免施工中将踏步棱角损坏。

(4) 安装休息板及楼梯段时,不得碰撞两侧砖墙或混凝土墙体。

9.7 管片预制构件施工

管片安装作业流程:

(1) 紧前工序达到标准:盾构掘进作业(一环)。同步注浆与出渣作业完成后。

(2) 管片安装作业内容包括:施工准备、管片进场、管片防水材料粘贴、管片运输、管片拼装、管片缺陷处理等。

(3) 作业流程:管片安装作业流程,如图 9-94 所示。

9.7.1 管片进场作业

1. 紧前工序达到标准

管片生产。

2. 适用条件

适用于盾构隧道施工预制管片的进场作业。

3. 作业内容

作业内容包括：施工准备、管片出厂前检查、管片装车运输、管片进场检查、管片卸车存放等。

4. 作业流程及控制要点

（1）作业流程：管片进场作业流程如图 9-95 所示。

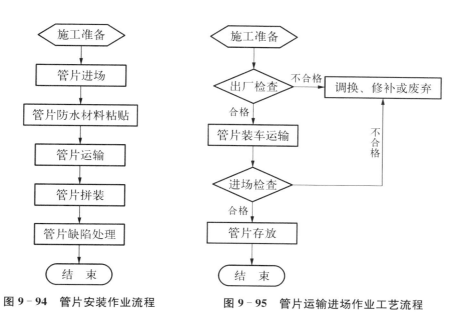

图 9-94　管片安装作业流程　　　　图 9-95　管片运输进场作业工艺流程

（2）作业控制要点：管片进场作业控制要点如表 9-18 所示。

表 9-18　管片进场作业控制要点

序号	作业项目	控　制　要　点	备注
1	出厂检查	管片型号正确，养护周期达到标准，管片混凝土不应有露筋、孔洞、疏松、夹渣、有害裂缝、缺棱掉角、飞边等缺陷，麻面面积不得大于管片面积的 5%	
2	管片装车运输	管片与平板车之间及管片与管片之间要有柔性垫条，垫条摆放的位置应均匀，厚度要一致，垫条上下成一直线；采用吊机进行管片装车；管片弯弧向上堆放整齐，管片的叠放不能超过四块；标准块一摞，按 A_2、A_1、A_3 的顺序自上而下排列，邻接块与封顶块一摞，按 K、B、C 的顺序自上而下排列；管片装好车以后，要捆绑保险带，以免管片在运输的过程中移位、倾斜。运输过程应平稳	
3	进场检查	在管片的内弧面角部须喷涂标记，标记内容应包括：管片型号、模具编号、生产日期、生产厂家、合格状态，每一片管片应独立编号；进场管片型号正确，龄期满足规范要求，管片不能有缺角、气泡、裂纹，修补密实、光滑、平整、螺栓孔及注浆孔内无杂物	
4	管片存放	由 15 t 门吊进行管片卸车，用两条吊带按一摞一次起吊，管片在到场后的水平运输用叉车完成，管片现场堆放要求同一环管片的两摞要相邻存放，间距不小于 1.0 m；不同型号的管片分区存放，并用帆布遮盖	

5. 作业组织

(1)人员配备如表9-19所示。

表 9-19 管片进场作业劳动力组织

序号	工 种	数量	备 注
1	值班工程师(土木)	2	管片厂及盾构场地各1人
2	起重装卸机械操作工	1	只含盾构施工场地范围
3	司索工	2	每班
4	汽车司机	若干	根据管片的需求情况确定人员数量
5	叉车司机	1	每班
	合计	6	

(2)机械配备：管片出厂15 t门吊一台,管片运输车4辆及以上,盾构场地15 t门吊一台,叉车一台。

(3)生产效率如表9-20所示。

表 9-20 管片运输进场作业生产效率

序号	项 目	作业时间/min	备 注
1	出厂前检查	10	
2	管片装车运输	/	根据管片厂与施工现场实际距离确定
3	管片进场检查	10	
4	管片卸车	30	

6. 紧后工序

管片防水材料安装。

7. 考核标准

管片进场作业质量检查标准如表9-21所示。

表 9-21 管片进场作业质量检查标准

受检单位：

序号	项目	依据	检 查 标 准	是否符合标准		检查频次	备注
				是 (√)	否 (原因)		
1	出厂检查	CJJ/T 164-2011 技术交底	满足《盾构隧道管片质量检测技术标准》要求			每环管片检查一次	
2	管片装车运输	技术交底	满足技术交底要求			每车检查	

（续表）

序号	项　目	依　据	检　查　标　准	是否符合标准		检查频次	备注
				是（√）	否（原因）		
3	进场检查	CJJ/T 164 - 2011 技术交底	满足规范及技术交底要求			每环管片检查一次	
4	管片存放	技术交底	满足技术交底要求			每环管片检查	

检查人签字：　　　　　　　　　　　　　　　　　受检方签字：

9.7.2　管片防水材料粘贴作业

1. 紧前工序达到标准

管片进场。

2. 适用条件

适用于盾构隧道管片防水材料、软木衬垫和自黏性橡胶薄板粘贴作业。

3. 作业内容

作业内容包括：施工准备、管片检查及清理、止水条粘贴、软木衬垫粘贴、管片角部自黏性橡胶薄片粘贴。

4. 施工程序及要求

（1）作业流程：管片防水材料粘贴作业流程，如图 9-96 所示。

（2）作业控制要点：管片防水材料粘贴作业控制要点如表 9-22 所示。

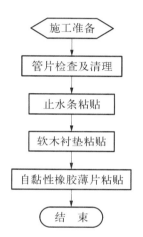

图 9-96　管片防水材料和软木衬垫安装施工工艺流程

表 9-22　管片防水材料粘贴作业控制要点

序号	作业项目	控　制　要　点	备注
1	施工准备	确认管片型号，按照技术要求准备止水条、衬垫、自黏性橡胶板及粘贴所用刷子和胶水等	
2	管片检查及清理	管片为完整一环；无明显破损、裂纹等；管片螺栓孔是否存在杂物；吊装孔可以正常安装吊装螺栓；将管片环纵接触面及预留粘贴止水条的沟槽清理干净。将管片螺栓孔和吊装孔进行清理，确保正常使用。管片环纵接触面有水存在时，在自然条件下风干，或者采用风机进行烘干	
3	止水条粘贴	用刷子在管片环纵接触面、预留粘贴止水条的沟槽及止水条上涂抹粘贴剂；涂完粘贴剂后凉置一段时间（一般 10～15 min，随气温、湿度而异），待手指接触不粘时，再将加工好的框形止水条套入密封沟槽内；将止水条套入管片预留沟槽中时，统一将止水条的外边缘与管片预留沟槽的外弧边靠紧；套入止水条时先将角部固定好，再向角部两边推压；止水条待凸肋的环边安装在管片背千斤顶侧。施工现场管片堆放区应有防雨淋设施；粘贴止水条时应对其涂缓膨剂	

(续表)

序号	作业项目	控 制 要 点	备注
4	软木衬垫粘贴	以类似的方法粘贴环纵缝衬垫,环缝的软木衬垫粘贴在管片背千斤顶侧环面,粘贴衬垫时应注意预留螺栓孔	
5	自黏性橡胶薄片粘贴	按设计在管片角部粘贴自黏性橡胶薄片,加强角部防水	

5. 作业组织

(1) 人员配备如表9-23所示。

表9-23 管片止水条和软木衬垫等安装作业劳动力组织

序号	工 种	数量	备 注
1	管片防水工	3	负责管片检查、清理、止水条和软木衬垫等安装作业,同时配合管片到场后在场地的存放和移动

(2) 机械配备:本作业工序对机械配置无特别要求,需要移动管片时可用场地上的门吊或叉车进行辅助施工作业。

(3) 生产效率如表9-24所示。

表9-24 管片止水条和软木衬垫等安装作业生产效率

序号	项 目	作业时间/h	备 注
1	管片检查	0.1	
2	管片清理	0.25	
3	材料准备	/	材料提前做好准备
4	管片烘干	0.25	
5	涂抹粘贴剂,晾干后粘贴止水条	0.25	
6	涂抹粘贴剂,晾干后粘贴衬垫	0.25	
7	粘贴自黏性橡胶薄片	0.25	

(4) 材料消耗如表9-25所示。

6. 紧后工序准备

管片运输。

表9-25 材料消耗(单环消耗)

编号	名 称	单位	消耗数量	备 注
1	止水条	m	按设计	
2	软木衬垫	m	按设计	

（续表）

编号	名 称	单位	消耗数量	备 注
3	自黏性橡胶薄片	m	按设计	
4	粘粘剂	kg	按设计	
5	胶水刮刀	把	2	
6	木榔头	个	2	
7	喷 灯	个	2	
8	胶水桶	个	2	
9	帆布罩	块	10	

7. 考核标准

管片防水材料粘贴作业质量检查标准如表 9-26 所示。

表 9-26　管片防水材料粘贴作业质量检查标准

受检单位：

序号	项 目	依 据	检 查 标 准	是否符合标准		检查频次	备注
				是 (√)	否 (原因)		
1	施工准备	GB 50446-2017 技术交底	满足规范技术交底要求 对材料按要求分批次送检			每环检查	
2	管片检查 及清理	GB 50446-2017 技术交底	满足规范技术交底要求				
3	止水条粘贴	GB 50446-2017 技术交底	满足规范技术交底要求 长度允许误差： 纵向：(−5,8)mm； 环向：(−10,5)mm； 高度允许误差：±0.5 mm； 宽度允许误差：±1.0 mm 粘贴后的止水条应牢固、平整、严密、位置准确,不得有鼓起、超长与缺口等现象				
4	软木衬垫 粘贴	GB 50446-2017 技术交底	满足规范技术交底要求 粘贴好的软木衬垫不得出现脱胶、翘边、歪斜等现象				
5	自黏性橡胶 薄片粘贴	GB 50446-2017 技术交底	满足规范技术交底要求				

检查人签字：　　　　　　　　　　　　　　　　　　　受检方签字：

9.7.3 管片运输作业

1. 紧前工序达到标准

管片防水材料粘贴。

2. 适用条件

适用于盾构隧道管片垂直及洞内水平运输作业。

3. 作业内容

管片选型、管片螺栓、垫圈、连接螺栓弹性密封圈准备、管片下井前检查、管片下吊及管片洞内运输作业。

4. 作业流程及控制要点

（1）作业流程：管片运输作业流程如图9-97所示。

（2）作业控制要点：管片运输作业控制要点如表9-27所示。

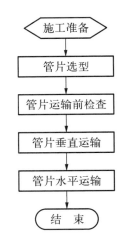

图9-97 管片运输作业流程

表9-27 管片运输作业控制要点

序号	作业项目	控 制 要 点	备注
1	施工准备	管片螺栓、垫圈及螺栓孔密封圈要严格按照要求准备，保证数量准确，质量完好	
2	管片选型	指令由当班的值班工程师下达；管片选型遵循以下原则：满足隧道线型为前提，重点考虑管片安装后盾尾间隙满足下一掘进循环限值，确保有足够的盾尾间隙，以防盾尾直接接触管片，即管片选型在满足隧道线形且要适应盾尾的原则；其次管片选型时要避免产生较大的推进油缸行程差，一般情况下要求推进油缸的油缸行程差不大于50 mm	
3	管片运输前检查	检查管片型号是否正确，管片有无明显外观缺陷，管片止水条和衬垫等是否完整，管片螺栓、垫圈及螺栓孔密封圈数量是否正确	
4	管片垂直运输	管片采用门吊下井，采用双吊带起吊，吊带绑扎位置正确，慢速下吊，管片下井时注意安全，下方避免站人；管片块与块之间采取放置两块10 cm×10 cm方木，保证管片放置稳固，防止管片发生碰撞造成边角等的损坏，避免管片发生相对位移	
5	管片水平运输	隧道管片运输采用专用管片运输车，在管片运输过程中，必须采取必要的缓冲措施并保证管片放置稳固，防止管片边角等的损坏	

5. 作业组织

（1）人员配备如表9-28所示。

表9-28 管片下井及运输作业劳动力组织

序号	工　种	数　量	备　注
1	值班工程师（土木）	1	每班配置
2	机车司机	2	

序号	工　　种	数　　量	备　　注
3	机车调车员	2	
4	起重装卸机械操作工	1	
5	叉车司机	1	每班配置
6	司索工	2	
7	普工	2	
	合计	11	

（2）机械配备：叉车一台，门吊一台，洞内运输电瓶车一辆。

（3）生产效率如表 9-29 所示。

表 9-29　管片下井及运输作业生产效率

序号	项　　目	作业时间/h	备　　注
1	管片选型	/	由值班工程师（土木）提前通知准备
2	管片螺栓、垫圈及螺栓孔密封圈准备	/	可在施工间歇穿插进行
3	管片下井前检查	0.25	
4	管片下井	0.5	
5	管片运输	/	根据洞内水平运输的距离长短来确定

6. 紧后工序

管片拼装。

7. 考核标准

管片运输作业质量检查标准详如表 9-30 所示。

表 9-30　管片运输作业质量检查标准

受检单位：

序号	项目	依据	检查标准	是否符合标准		检查频次	备注
				是（√）	否（原因）		
1	施工准备	技术交底	满足技术交底要求；管片螺栓、垫圈、密封垫数量正确				
2	管片选型	技术交底	管片类型能是否符合指令要求			每环检查	
3	管片运输前检查	技术交底	止水条等质量符合设计要求，无缺损，粘贴牢固，平整，无遗漏，是否存在破损等外观明显缺陷				

(续表)

序号	项 目	依 据	检 查 标 准	是否符合标准		检查频次	备注
				是(√)	否(原因)		
4	管片垂直运输	技术交底	管片按照交底进行摆放,保证下吊和运输过程安全				
5	管片水平运输	技术交底	满足技术交底要求				

检查人签字: 受检方签字:

9.7.4　管片拼装作业

1. 紧前工序达到标准

管片运输。

2. 适用条件

适用于盾构隧道管片拼装作业。

3. 作业内容

作业内容包括:施工准备、管片吊机卸车和倒运、管片安装区清理、管片安装与螺栓连接、管片螺栓二次紧固和管片拼装质量检查。

4. 作业流程及控制要点

(1) 作业流程:管片拼装作业流程如图 9-98 所示。

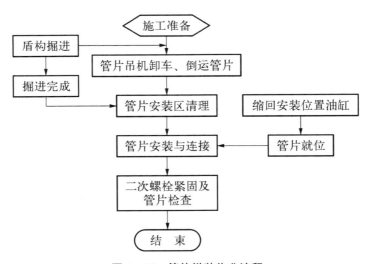

图 9-98　管片拼装作业流程

(2) 作业控制要点:管片拼装作业控制要点如表 9-31 所示。

表 9-31 　管片拼装作业控制要点

序号	作业项目	控 制 要 点	备注
1	施工准备	拼装人员必须熟悉管片排列位置、拼装顺序,施工过程中施工人员依据上一环管片位置、盾构姿态、盾尾间隙等准备、运输、安装管片	
2	管片吊机卸车及倒运	管片由管片吊机吊起,按右旋方向旋转后放至输送小车上,由管片运输小车前移、顶升、后退、下放、再前移循环动作供应到位,管片放好后应使粘贴有软木衬垫的一侧朝向盾构掘进的反方向	
3	管片安装区清理	在盾构掘进完成后,管片安装前对管片安装区进行清理,清除如污泥、污水,保证安装区及管片相接面的清洁,确保管片底物无异物	
4	管片安装区连接	管片拼装应按拼装工艺要求逐块进行。管片安装必须从隧道底部开始,然后依次安装相邻块,最后安装封顶块;安装管片时只收缩对应位置的油缸,注意保持油缸回收时活塞杆清洁;操作管片安装机的抓取器,旋紧吊装螺栓抓取管片;管片安装机沿滑道运行到管片所需要安装的位置;管片安装机的旋转紧绕盾构机的中心线左或右旋转,伸缩升降油缸把管片放到准确的位置;进行管片栓接后,推进油缸顶紧管片,安装机释放管片,紧固管片连接螺栓,封顶块安装前,应对止水条进行润滑处理,安装时先径向插入,调整位置后缓慢纵向顶推。拼装管片时应防止管片及防水密封条的损坏。在管片拼装过程中,应严格控制盾构千斤顶的压力和伸缩量,使盾构位置保持不变	
5	管片螺栓二次紧固	管片脱出盾尾后,会发生部分螺栓松动的现象,及时进行螺栓的二次紧固,防止管片失圆和错台发生	
6	管片检查	对已拼装成环的管片环作椭圆度的抽查,确保拼装精度;检查管片脱出盾尾后是否有破损现象,记录管片错台情况,并进行原因分析。管片连接螺栓紧固质量应符合设计要求	

5. 作业组织

(1)人员配备如表 9-32 所示。

表 9-32 　管片拼装作业劳动力组织

序号	工 种	数 量	备 注
1	管片安装司机	1	每班配置
2	管片工	3	

(2)机械配备:风动扳手两把(一把备用),梅花扳手两把(备用),小榔头两把。

(3)生产效率如表 9-33 所示。

表 9-33 　管片拼装作业生产效率

序号	项 目	作业时间/h	备 注
1	管片拼装	0.5	

6. 紧后工序

管片缺陷处理。

7.考核标准

管片拼装作业质量检查标准如表9-34所示。

表9-34 管片拼装作业质量检查标准

受检单位:

序号	项目	依据	检查标准	是否符合标准		检查频次	备注
				是(√)	否(原因)		
1	施工准备	GB 50446-2017 技术交底	满足技术交底要求对管片质量及防水材料粘贴质量进行检查,对管片型号经行核对			每环检查	
2	管片吊机卸车及倒运	技术交底	吊装顺序应满足安装顺序的需要				
3	管片安装区清理	技术交底	管片安装前应对管片安装区进行清理,清除如污泥、污水,保证安装区及管片相接面的清洁				
4	管片安装与连接	GB 50446-2017 技术交底	满足规范,技术交底要求				
5	管片螺栓二次紧固	GB 50446-2017 技术交底	满足规范,技术交底要求				
6	管片检查	GB 50446-2017	成型隧道其允许偏差值应符合规范要求				

检查人签字: 受检方签字:

9.7.5 管片缺陷处理作业

1.紧前工序达到标准

管片安装。

2.适用条件

适用于盾构隧道成型管片漏水、破损等缺陷的处理。

3.作业内容

作业内容包括:施工准备、管片清理、管片堵漏、管片修补、质量检查、管片外观清理。

4.作业流程及控制要点

(1)作业流程:管片缺陷处理作业流程如图9-99所示。

(2)作业控制要点:管片缺陷处理作业控制要点如表9-35所示。

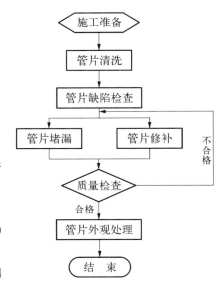

图9-99 管片缺陷处理作业流程

表 9 - 35　管片缺陷处理作业控制要点

序号	项　目		控　制　要　点	备注
1	管片清理		用钢丝刷对管片修补处表面进行清理,崩角和破损处应将残余混凝土清理干净;在进行修补前必须保证破损表面干燥	
2	管片缺陷检查		当隧道衬砌表面出现缺棱掉角、混凝土剥落、大于 0.2 mm 宽的裂缝或贯穿性裂缝时,必须进行修补;在施工阶段应调查和记录隧道渗漏水和衬砌环变形等状态,当隧道渗漏水不能满足设计规定要求时,必须根据具体情况查找和分析渗漏水原因,并采取措施进行封堵、引排等措施进行治理	
3	管片缺陷修补	渗漏水	堵漏注浆时,注浆压力不应大于管片的设计荷载压力	
4		裂缝	管片的细小裂缝用胶水搅拌水泥填平,所有填补料应和裂缝表面紧密结合,并且结合完好;对于深度>2 mm、宽度>3 mm 的裂缝,要进行二次填补,操作时待第一次填补的材料干缩后,再进行第二次填补;贯通裂缝要进行注浆修补	
5		崩角	修补时必须分层进行,一次填补厚度不得超过 40 mm,逐层填补后进行抹平、修边;当崩角较大时,刚修补的砂浆要脱落或变形,需在填补砂浆前立靠模	
6		破损	破损较大时应制拌细石混凝土进行修补,顶部有较大破损处如需修补还应焊接钢筋网	
7	修复后质量检查		管片修补时,修补材料的抗拉强度不应低于 1.2 MPa,抗压强度不应低于管片强度;隧道缺陷处理应遵循彻底根治、不留后患的原则	
8	管片外观处理		清除注浆、修补造成的管片污染,对修补面进行打磨,为保持修补处的颜色与管片表面颜色一致,需调和与管片颜色相近的水泥浆对修补处进行抹面修整	

5. 作业组织

（1）人员配置如表 9 - 36 所示。

表 9 - 36　管片缺陷处理劳动力组织

序号	工　种	数　量	备　注
1	值班工程师（土木）	1	每班配置
2	普工	3	

（2）机械配置如表 9 - 37 所示。

表 9 - 37　工具机械配置

序　号	名　称	单　位	数　量	备　注
1	钢丝刷	把	4	
2	灰刀	个	4	

（续表）

序　号	名　　称	单　位	数　量	备　注
3	提浆桶	个	4	
4	抹刀	个	2	
5	手压式注浆泵	台	1	

（3）材料配置如表9－38所示。

表9－38　材料需求

序号	材料名称	规格型号	单　位	数　量	备　注
1	525♯水泥	P.O 52.5	t	/	
2	白水泥	P.O 52.5	t	/	
3	中砂		m³	/	
4	细石	5～10 mm	m³	/	
5	胶皇		kg	/	
6	环氧树脂	/	kg	/	
7	超细水泥	/	t	/	

6. 紧后工序

盾构掘进或结束。

7. 考核标准

管片缺陷处理作业质量检查标准如表9－39所示。

表9－39　管片缺陷处理作业质量检查标准

受检单位：

序号	项目	依据	检查标准	是否符合标准		检查频次	备注
				是（√）	否（原因）		
1	管片清理	GB 50446－2017 技术交底	满足规范及技术交底要求			每环检查	
2	管片缺陷检查	GB 50446－2017 技术交底	满足规范及技术交底要求				
3	渗漏水处理	GB 50446－2017 GB 50108 技术交底	满足规范及技术交底要求 无渗漏水点				
4	裂缝处理	GB 50446－2017 技术交底	满足规范及技术交底要求				

（续表）

序号	项　目	依　据	检　查　标　准	是否符合标准		检查频次	备注
				是（√）	否（原因）		
5	崩角处理	GB 50446－2017 技术交底	满足规范及技术交底修补密实,棱角分明			每环检查	
6	破损处理	GB 50446－2017 技术交底	满足规范及技术交底要求;修补面平整				
7	修复后质量检查	GB 50446－2017 GB 50108－2008 技术交底	达到地下工程二级防水等级标准;管片修补质量要达到修补处材料密实牢固				
8	管片外观处理	技术交底	修补表面光滑无裂缝且与管片颜色一致				

检查人签字：　　　　　　　　　　　　　　　　　　　　受检方签字：

第10章
装配式混凝土建筑生产安装质量管理

10.1 质量控制与检验

（1）装配式框架结构施工质量控制主要包括：网轴线偏差的控制、楼层标高的控制、套筒灌浆区钢筋定位、套筒灌浆质量保证、现浇节点模板质量及高度控制、叠合楼板表面平整度控制。

（2）装配式实心剪力墙结构施工质量控制主要包括：预制实心剪力墙网轴线偏差的控制、楼层标高的控制、预制实心剪力墙套筒灌浆区钢筋定位、套筒灌浆质量保证、连续预制叠合梁在中间支座处底部钢筋搭接质量控制、叠合楼板在预制叠合梁、预制实心剪力墙搭接处表面平整度控制。

（3）装配式双面墙结构施工质量控制主要包括：预制双面叠合墙网轴线偏差的控制、楼层标高的控制、预制双面叠合墙套筒灌浆区钢筋定位、套筒灌浆质量保证、连续预制叠合梁在中间支座处底部钢筋搭接质量控制、叠合楼板在预制叠合梁、预制双面叠合墙搭接处表面平整度控制。

10.1.1 预制构件安装施工前质量控制

1. 国家标准 GB 50204 - 2015

（1）装配式结构应按混凝土结构子分部工程进行验收；当结构中部分采用现浇混凝土结构时，装配式结构部分可作为混凝土结构子分部工程的分项工程进行验收。

装配式结构验收除应符合本规程规定外，尚应符合现行国家标准 GB 50204 - 2015《混凝土结构工程施工质量验收规范》的有关规定。

（2）预制构件灌浆料应符合 JG/T 408 - 2013《钢筋连接用套筒灌浆料》的要求。

（3）预制构件生产用原材料水泥、砂子、石子、钢筋质量应符合国家现行规范要求。

（4）进入现场的预制构件必须进行验收，其外观质量、尺寸偏差及结构性能应符合设计要求。

（5）构件安装前，应认真核对构件型号、规格和数量，保证构件安装部位准确无误。

（6）用于检查和验收的检测仪器应经检验合格方可使用，精密仪器如经纬仪和水准仪必须通过国家计量局或相关单位进行检验。

2. 验收时所需文件和规范

装配式混凝土结构验收时，除应按现行国家标准 GB 50204 - 2015《混凝土结构工程施工质量验收规范》的要求提供文件和记录外，尚应提供下列文件和记录。

（1）工程设计文件、预制构件制作和安装的深化设计图。

（2）预制构件、主要材料及配件的质量证明文件、进场验收记录、抽样复验报告。

（3）预制构件安装施工记录。

（4）钢筋套筒灌浆、浆锚搭接连接的施工检验记录。

（5）后浇混凝土部位的隐蔽工程检查验收文件。

（6）后浇混凝土、灌浆料、坐浆材料强度检测报告。

（7）外墙防水施工质量检验记录。

（8）装配式结构分项工程质量验收文件。

（9）装配式工程的重大质量问题的处理方案和验收记录。

（10）装配式工程的其他文件和记录。

10.1.2　预制构件及其连接材料进场检验质量标准

（1）预制构件安装施工质量应符合 GB 50204 - 2015《混凝土结构工程施工质量验收规范》以及 DB/T 29 - 243 - 2016《装配整体式混凝土结构工程施工与质量验收规程》的规定。

（2）预制构件进场前应提供：产品合格证，预制构件混凝土强度报告，灌浆料性能检测报告，预制构件钢筋检测报告，且预制构件的外观不应有明显的损伤、裂纹。

（3）预制构件连接材料如：灌浆料等，应具有产品合格证等质量证明文件，并经进场复试合格后，方可用于工程。

（4）预制构件进场时，预制构件明显部位必须注明生产单位、构件型号、质量合格标志；预制构件外观不得存有对构件受力性能、安装性能、使用性能有严重影响的缺陷，不得存有影响结构性能和安装、使用功能的尺寸偏差。

（5）预制叠合板类构件进场质量偏差应符合表 10 - 1 的规定。

表 10 - 1　装配式结构尺寸允许偏差及检验方法

项　　　目			允许偏差/mm	检 查 方 法
长度	梁、板、柱、桁架	＜12 m	±5	尺寸检查
		≥12 m 且＜18 m	±10	
		≥18 m	±20	
	墙板		±4	
宽度、高（厚）度	梁、板、柱、桁架截面尺寸		±5	钢尺量一端及中部，取其中偏差绝对值较大处
	墙板的高度、厚度		±3	

（续表）

项　　目		允许偏差/mm	检查方法
表面平整度	梁、板、柱、墙板内表面	5	2 m靠尺和塞尺检查
	墙板外表面	3	
侧向弯曲	梁板柱	$L/750$ 且≤20	拉线、钢尺量最大侧向弯曲处
	墙板、桁架	$L/1\,000$ 且≤20	
翘曲	板	$L/750$	调平尺在两端测量
	墙板	$L/1\,000$	
对角线差	板	10	钢尺量两个对角线
	墙板、门窗口	5	
挠度变形	梁板桁架设计起拱度	±10	拉线、钢尺量最大弯曲处
	梁板桁架下垂	0	
预留孔	中心线位置	5	尺寸检查
	孔尺寸	±5	
预留洞	中心线位置	10	尺寸检查
	洞口尺寸、深度	±10	
门窗孔	中心线位置	5	尺寸检查
	宽度、高度	±3	
预埋件	预埋件锚板中心线位置	5	尺寸检查
	预埋件锚板与混凝土面平面高差	−5,0	
	预埋螺栓中心线位置	2	
	预埋螺栓外露长度	−5,10	
	预埋套筒、螺母中心线位置	2	
	预埋套筒、螺母与混凝土面平面高差	−5,0	
	线管、电盒、木砖、吊环在构件平面的中心线位置偏差	20	
	线管、电盒、木砖、吊环与构件表面混凝土高差	−10,0	
预留插筋	中心线位置	3	尺寸检查
	外露长度	±5	
键槽	中心线位置	5	尺寸检查
	长度、宽度、深度	±5	

注：（1）L 为构件最长边的长度（mm）。

　　（2）检查中心线、螺栓和孔道位置偏差时，应沿纵横两个方向量测，并取期中偏差较大值。

10.1.3　预制构件及连接材料存放质量标准

（1）预制构件及连接材料存放质量应符合 DB/T 29 - 243 - 2016《装配整体式混凝土结构工程施工与质量验收规程》的规定。

（2）预制叠合板和预制楼梯板进场验收合格存放时，应确保构件存放状态与安装状态一致，叠放预制叠合板不得超过 5 层，构件层与层之间应垫平、垫实，各层支垫应上下对齐，最下面一层支垫应通长设置，预制构件堆放顺序应与施工吊装顺序和施工进度相匹配。

（3）预制构件不宜在施工现场进行翻身操作。

（4）灌浆料应合理分批进场，进场后必须采取妥善的存放措施，防止灌浆料应受潮、暴晒而造成质量性能改变，并确保在保质期内使用完成。

10.1.4　预制构件安装检验质量标准

（1）预制构件安装施工质量应符合 DB/T 29 - 243 - 2016《装配整体式混凝土结构工程施工与质量验收规程》的规定。

（2）预制构件应采用吊装梁吊装，吊装时应保持吊装钢丝绳竖直。

（3）灌浆作业前，应对灌浆操作人员进行专业技能培训，考试合格后方可上岗操作。

（4）预制构件安装完成后，应采取有效可靠的成品保护措施，防止构件损坏。

（5）装配式结构构件安装尺寸偏差允许的范围如表 10 - 2 所示。

表 10 - 2　装配式结构安装尺寸允许偏差及检验方法

项　　目			允许偏差/mm	检　验　方　法
构件中心线对轴线位置	基础		15	尺量检查
	竖向构件（柱、墙、桁架）		10	
	水平构件（梁、板）		5	
构件标高	梁、柱、墙、板地面或顶面		±5	水准仪或尺检查
构件垂直度	柱、墙	＜5 m	5	经纬仪或全站仪测量
		≥5 m 且＜10 m	10	
		≥10 m	20	
构件倾斜度	梁、桁架		5	垂线、钢尺测量
相邻构件平整度	板端面		5	钢尺、塞尺量测
	梁板底面	抹灰	5	
		不抹灰	3	

（续表）

项　　　目			允许偏差/mm	检 验 方 法
相邻构件平整度	柱墙侧面	外露	5	
		不外漏	10	
构件搁置长度	梁、板		±10	尺量检查
支座、支柱中心位置	板、梁、柱、墙、桁架		10	尺量检查
墙板连接	宽度		±5	尺量检查
	中心线位置			

（6）预制叠合板类构件安装质量标准，如表 10-3 所示。

表 10-3　预制叠合板类构件安装质量标准

项　　　目		允许偏差/mm	检 验 方 法
构件中心线对轴线位置	板	5	尺量检查
构件标高	板底面或顶面	±5	水准仪或尺量检查
相邻构件平整度	板端面	5	钢尺、塞尺检查
	板下面	5	
	板侧表面	5	
构件搁置长度		±10	尺量检查
接缝宽度		±5	尺量检查

（7）预制楼梯板安装质量标准：① 灌浆质量应符合相关规定；② 预制楼梯板安装质量偏差应符合表 10-4 的规定。

表 10-4　预制楼梯板安装质量偏差

项　　　目	允许偏差/mm	检 验 方 法
单块楼梯板水平位置偏差	5	基准线和钢尺检查
单块楼梯板标高偏差	±3	水准仪或拉线、钢尺检查
相邻楼梯板高低差	2	2 米靠尺和塞尺检查

（8）装配式结构节点区施工质量标准：① 预制叠合板构件安装完成后，钢筋绑扎前，应进行叠合面质量隐蔽验收；② 预制叠合板构件板面钢筋绑扎完成后，应进行钢筋隐蔽验收；③ 后浇混凝土应采取可靠的浇筑质量控制措施，确保连续浇筑并振捣密实；④ 预制构件安装完成后，应采取有效可靠的成品保护措施，防止构件损坏。

10.2　安装安全措施

10.2.1　安全措施

（1）结构吊装完成二层以后要开始搭设安全网（见图 10 - 1），多层和高层施工时，安全网均要逐层提升，不准隔层提升。高层施工还应在二层、六层设置固定安全网。安全网内侧边缘窗墙的缝隙不得大于 20 cm。安全网挑出宽度不小于 2.5 m，有吊装机械一侧最小距离不小于 1.5 m。

（2）屋面工程施工的防护工具，主要是防护栏杆卡具。

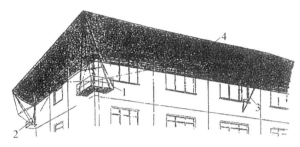

图 10 - 1　安全网使用

1—安全网抱角架；2—安全网紧线器；3—安全网侧支撑；4—安全网

将防护栏杆卡具卡在屋顶板挑檐部位，间距一般为 3 m，把安全网挂在卡具的立杆上，防止屋面操作人员坠落。这种卡具也可用于结构吊装时楼梯口的防护，用焊接钢筋网片挂在卡具上，形成防护栏杆，如图 10 - 2、图 10 - 3 所示。

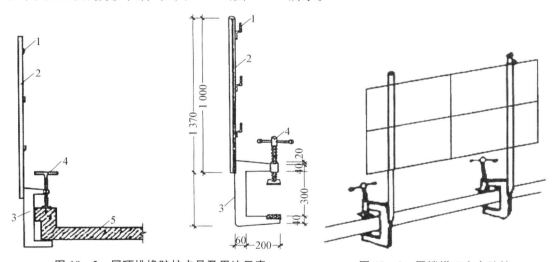

图 10 - 2　屋顶挑檐防护卡具及用法示意

1—防护网挂钩；2—挂网杆；3—固定器；4—夹紧螺栓；5—挑檐板

图 10 - 3　屋楼梯口安全防护

（3）楼板上的预留孔施工时用钢筋箆子覆盖，防止操作人员坠落摔伤。

10.2.2　安全要求

1. 使用机械的安全要求

（1）吊装前必须检查吊具、支撑、钢丝绳等起重用品的性能是否完好。

（2）对新到、修复或改装的起重机在使用前必须进行检查、试吊；要进行静、动负荷试验。实验时，所吊重物为最大起重量的125％，且离地面1 m，悬空10 min。

（3）起重机工作时，严禁触碰高压电线。起重臂、钢丝绳、重物等与架空电线要保持一定的安全距离，如表10－5、表10－6所示。

表10－5　起重机吊杆最高点与电线之间应保持的垂直距离

线路电压/kV	距离不小于/m	线路电压/kV	距离不小于/m
1 以下	1.5	20 以上	2.5
20 以下	1.5		

表10－6　起重机与电线之间应保持的水平距离

线路电压/kV	距离不小于/m	线路电压/kV	距离不小于/m
1 以下	1.5	110 以下	4
20 以下	2	220 以下	6

（4）起重机停止工作时，起动装置要关闭上锁。吊钩必须升高，防止摆动伤人，并不得悬挂重物。

2. 操作人员的安全要求

（1）进入施工现场必须戴安全帽，操作人员要持证上岗，严格遵守国家行业标准《建筑施工安全检查标准》及建筑施工安全管理标准和企业的有关安全操作规程。

（2）灌浆施工人员培训合格后持证上岗。

（3）对于安全负责人的指令，要自上而下贯彻，确保对程序、要点进行完整的传达和指示。

（4）严格执行国家、行业和企业的安全生产法规和规章制度。认真落实各级各类人员的安全生产责任制。

（5）建立健全安全施工管理、安全奖罚、劳动保护制度，明确各级安全职责，检查督促各管理人员、各施工人员落实安全生产责任制，组织全体职工的安全教育工作；定期组织召开安全施工会议、巡视施工现场，发现隐患，及时解决。

3. 现场安全设施

（1）严格遵守现场的安全规章制度；所有人员必须参加大型安全活动。

（2）在吊装区域、安装区域设置临时围栏、警示标志，临时拆除安全设施（洞口保护网、洞口水平防护）时也一定要取得安全负责人的许可，离开操作场所时需要对安全设施进行复位。

（3）工人不得禁止在吊装范围下方穿越。

（4）操作结束时一定要收拾现场、整理整顿、特别在结束后要对工具进行清点。

（5）定期检查配电箱、电线的使用情况，发现破损、漏电等问题，必须立即停用送修。所有用电必须采用三级安全保护，严禁一闸多机。

（6）构件运输车辆司机运输前应熟悉现场道路情况，驾驶运输车辆应按照现场规划的行车路线行驶,避免由于司机对场地内道路情况不熟悉,导致车辆中途无法掉头等问题,而造成可能的安全隐患。

(7)预制构件卸车时,应首先确保车辆平衡,并按照一定的装卸顺序进行卸车,避免由于卸车顺序不合理导致车辆倾覆等安全隐患。

(8)预制构件卸车后,应按照现场规定,将构件按编号或按使用顺序,依次存放于构件堆放场地,严禁乱摆乱放,而造成的构件倾覆等安全隐患,构件堆放场地应设置合理稳妥的临时固定措施,避免构件存放时固定措施不足而存在的可能的安全隐患。

(9)安全作业开始前,应对安装作业区进行围护并树立明显的标识,拉警戒线,并派专人看管,严禁与安装作业无关的人员进入。

(10)针对本工程的施工特点,对从事预制构件吊装的作业人员及相关施工人员进行有针对性的培训与交底,明确预制构件进场、卸车、存放、吊装、就位等环节可能存放的作业风险,及如何避免危险出现的措施。

(11)吊装指挥系统是构件吊装的核心,也是影响吊装安全的关键因素。因此,成立吊装领导小组,为吊装制定完善和高效的指挥操作系统,绘制现场吊装岗位设置平面图,实行定机、定人、定岗、定责任,使整个吊装过程有条不紊地顺利进行,避免由于指挥适当等问题而造成的安全隐患。

(12)吊装作业开始后,应定期、不定期地对预制构件吊装作业所用的工器具、吊具、锁具进行检查,一经发现有可能存在的使用风险,应立即停止使用。

(13)吊机吊装区域内,非操作人员严禁入内,吊装时操作人员精力要集中并服从指挥号令,严禁违章作业。施工现场使用吊车作业时严格执行"十不吊"的规定。

10.3　生产作业施工过程中的环境保护措施

(1)装配式混凝土建筑结构施工过程中,施工场地和作业应当限制在工程建设允许的范围,合理布置,规范围挡,做到标牌清楚、齐全,各种标识醒目,施工场地整洁文明。

(2)在施工现场应加强对废水、污水的管理,现场应设置污水池和排水沟。废水、废弃料应统一处理,严禁未经处理而直接排入下水管道。

(3)在预制构件安装施工期间,严格控制噪声,遵守 GB 12523-2011《建筑施工场界环境噪声排放标准》的规定,加强环保意识的宣传,采用有力措施控制人为的施工噪声,严格管理,最大限度地减少噪声扰民。

(4)施工现场各类材料分别集中堆放整齐,并悬挂标识牌,严禁乱堆乱放,不得占用施工临时道路,并做好防护隔离。

(5)施工现场实行硬化地面:工地内外通道、临时设施、材料堆放地、加工场、仓库地面等进行混凝土硬地,并保持其清洁卫生,避免扬尘污染周围环境。

(6)施工现场必须保证道路畅通、场地平整,无大面积积水,场内设置连续、畅顺的排水系统。

(7)施工现场各类材料分别集中堆放整齐,并悬挂标识牌,严禁乱堆乱放,不得占用施工便道,并做好防护隔离。

(8)合理安排施工顺序,均衡施工,避免同时操作,集中产生噪声。

(9)教育全体人员防噪扰民意识。禁止构件运输车辆高速运行,并禁止鸣笛,材料运输车辆停车卸料时应熄火。

(10)构件运输、装卸应防止不必要的噪声产生,施工严禁敲打构件、钢管等。

(11)钢筋焊接时采用镶有特制防护镜片的面罩。

(12)现场设置处理雨水与降水的收集池,收集的水源经有关部门检验符合养护用水要求后,进行现场混凝土养护。

(13)焊工必须穿好工作服,戴好防护手套和鞋盖。工作服面料要用反射系数大的纺织品制作。

(14)混凝土浇筑与振捣要设置降噪装置,减少对周边环境的影响。

(15)起重机、运输车辆以及动力设备进场前和施工作业中要严格维护、保养,做到排放不达到国家标准不进场。进场后排放不达标禁止使用。

(16)起重机、运输车辆以及动力设备加装三元催化装置,减少尾气有害成分的排放。

(17)现场应采用节水型产品,减少水资源浪费,并设立循环用水装置。

(18)现场混凝土养护用水提前编制养护用水措施,严禁无措施养护混凝土导致水资源浪费。

(19)施工中产生的工业垃圾,如焊条的残渣、被切割下的钢筋头、废木板及木方、残留混凝土,集中回收,严禁乱丢乱弃,造成周边环境污染。

附录

装配式混凝土结构相关标准

类　别	编　号	名　　　称
有关模数基础标准	GB/T 50002 - 2013	建筑模数协调标准
	GB/T 50006 - 2010	厂房建筑模数协调标准
主要部品模数协调标准	GBJ 101 - 87	建筑楼梯模数协调标准
	GB/T 11228 - 2008	住宅厨房及相关设备基本参数
	GB/T 11977 - 2008	住宅卫生间功能及尺寸系列
	GB/T 5824 - 2008	建筑门窗洞口尺寸系列
主要相关国家标准	GB 50010 - 2010	混凝土结构设计规范
	GB/T 51129 - 2017	装配式建筑评价标准
	GB 50666 - 2011	混凝土结构工程施工规范
	GB 50204 - 2015	混凝土结构工程施工质量验收规范
	GB 50009 - 2012	建筑结构荷载规范
	GB 50011 - 2010	建筑抗震设计规范
	DBJ 01 - 1 - 1992	预制混凝土构件质量检验评定标准
	GBJ 130 - 1990	钢筋混凝土升板结构技术规范
	GB/T 14040 - 2007	预应力混凝土空心板
行业标准	JGJ 1 - 2014	装配式混凝土结构技术规程
	JGJ 1 - 1991	装配式大板居住建筑设计和施工规程(已废止)
	JGJ 3 - 2010	高层建筑混凝土结构技术规程
	JGJ 224 - 2010	预制预应力混凝土装配整体式框架结构技术规程
	JGJ/T 258 - 2011	预制带肋底板混凝土叠合楼板技术规程
	JGJ 2 - 1979	工业厂房墙板设计与施工规程(已废止)
	JGJ 355 - 2015	钢筋套筒灌浆连接应用技术规程
	正在报批	装配式住宅建筑技术规程

（续表）

类　别	编　号	名　　称
行业标准	正在编制	工业化住宅建筑尺寸协调标准
	正在编制	预制墙板技术规程
	JG/T 398 - 2012	钢筋连接用灌浆套筒
	JG/T 408 - 2013	钢筋连接用套筒灌浆料
	CECS 40 - 1992	混凝土及预制混凝土构件质量控制规程(已废止)
	CECS 43 - 1992	钢筋混凝土装配整体式框架节点与连接设计规程
	CECS 52 - 2010	整体预应力装配式板柱结构技术规程
	CECS 347 - 2013	约束混凝土柱组合梁框架结构技术规程

参考文献

［1］ 姚谨英.建筑施工技术(第四版)[M].北京：建筑工业出版社,2014.

［2］ 中国建筑科学研究院.混凝土结构工程施工质量验收规范(GB 50204－2015)[S].北京：中国建筑工业出版社,2014.

［3］ 中国建筑标准设计研究院,中国建筑科学研究院.装配式混凝土结构技术规程(JGJ 1－2014)[S].北京：中国建筑工业出版社,2014.

［4］ 山东省建筑科学研究院.装配整体式混凝土结构工程施工与质量验收规程(DB/T 29－243－2016)[S].北京：中国建筑工业出版社,2014.

后　记

　　近年来国家及各省市均在大力推进建筑工业化，以促进建筑业持续健康发展，而装配式建筑正是建筑工业化实施的重要组成部分。2016 年 9 月 27 日，国务院常务会议审议通过了《关于大力发展装配式建筑的指导意见》，并下发各地、各单位贯彻落实。在《建筑产业现代化发展纲要》中明确提出"到 2020 年，装配式建筑占新建建筑的比例 20％以上，到 2025 年，装配式建筑占新建建筑的比例 50％以上"。在上海 2016 年起外环线以内符合条件的新建民用建筑全部采用装配式建筑，外环线以外装配式建筑比例需达到 50％；自 2017 年起外环线以外在 50％基础上逐年增加。

　　装配式建筑正呈现出蓬勃发展的趋势，对专业设计、加工、施工、管理人员的需求也是巨大的。装配式建筑在设计、生产、施工方面都与传统现浇混凝土建筑有着较大区别。本书在编写过程中，努力反映我国目前在装配式建筑方面的新技术、新材料、新工艺以及设计的发展动态，以期能满足行业发展对人才培养的需求。本书以装配式混凝土建筑现行的行业标准为基础，系统介绍了装配式混凝土建筑构件的制作、运输以及安装，介绍了国内相关装配式建筑企业技术与工艺。

　　本书由夏峰、张弘主编，潘红霞、恽燕春、陈凌峰副主编，樊骅主审，本教材编写主要成员有张军凯、徐杨、刘贯荣、黄新、夏栋、李俊玲、张娟。

　　本书在编写过程中，参阅和借鉴了有关文献资料，宝业集团有限公司、上海维启软件科技有限公司、上海建工集团、上海住总工程材料有限公司等单位工程技术人员给予了很大的支持，在此一并致以诚挚的感谢！

　　由于水平和时间有限，书中存在不妥之处，敬请读者批评指正。